FASSADEN

ARCHITEKTUR UND KONSTRUKTION
MIT BETONFERTIGTEILEN

Verlag Bau+Technik
vormals Beton-Verlag

FASSADEN

ARCHITEKTUR UND KONSTRUKTION MIT BETONFERTIGTEILEN

Prof. Dipl.-Ing. Wolfgang Döring
Dr.-Ing. Hans-Jürgen Meschke
Dr.-Ing. Friedbert Kind-Barkauskas
Dipl.-Ing. Dieter Schwerm

Herausgeber:
Bundesverband der Deutschen Zementindustrie e.V., Köln
Fachvereinigung Deutscher Betonfertigteilbau e.V., Bonn

Die Deutsche Bibliothek – CIP-Einheitsaufnahme

Fassaden : Architektur und Konstruktion mit Betonfertigteilen /
Hrsg.: Bundesverband der Deutschen Zementindustrie e.V., Köln;
Fachvereinigung Deutscher Betonfertigteilbau e.V., Bonn.
Wolfgang Döring .... - Düsseldorf : Verl. Bau und Technik, 2000
ISBN 3-7640-0381-2

Gesamtproduktion: Verlag Bau+Technik GmbH, Düsseldorf

Vorwort

Die Fassade prägt wesentlich das Aussehen eines Bauwerkes. Sie entscheidet damit über seine Akzeptanz in der Öffentlichkeit. Zu allen Zeiten fühlten sich daher die Baumeister im besonderen Maße zu einer ansprechenden Fassadengestaltung verpflichtet. Dabei bedienten sie sich der jeweiligen stofflichen und technischen Möglichkeiten.

Fassaden aus Betonfertigteilen fordern den individuellen Gestaltungswillen jedes Architekten heraus. Sie lassen sich differenziert entwerfen und verwirklichen. Gerade in den letzten Jahren haben Betonfertigteilwerke in Zusammenarbeit mit Architekten eine Reihe von Bauwerken für verschiedene Nutzungen gestaltet, die mit Recht für Aufsehen gesorgt haben. Sie zeigen, dass die modernen Produktionstechniken Formen, Farben, Texturen und Oberflächengestaltungen zulassen, deren Verwirklichung noch vor Jahren auf erhebliche Schwierigkeiten gestoßen wäre. Darüber hinaus bietet der Baustoff Beton die besten Voraussetzungen für eine statisch-konstruktiv und bauphysikalisch einwandfreie Fassade.

Mit dieser Dokumentation wollen wir vor allem den Architekten als Entwurfsverfasser, aber auch als Hochschullehrer, sowie Studierende der Architektur an Universitäten und Hochschulen ansprechen. Der Schwerpunkt liegt daher auf der Beschreibung und Darstellung von Architektur- und Gestaltungsbeispielen. Einige Details ausländischer Beispiele entsprechen verständlicherweise nicht den Konstruktionsprinzipien. Hinweise auf Konstruktion, Bauphysik und Ausführung erfolgen nur in dem Maße, wie sie für den baustoffgerechten Entwurf notwendig erscheinen. Auf die umfangreiche weitere Fachliteratur sei verwiesen. Die zum modernen Bauen gehörende Arbeitsteilung soll damit nicht aufgehoben werden. Es geht vielmehr darum, dass alle Beteiligten die Zusammenhänge zwischen Gestaltung, Konstruktion, Herstellung und Nutzung sowie die Konsequenzen von Entscheidungen erkennen und damit leichter zur Zusammenarbeit finden. So sollte der Architekt schon in einem frühen Entwurfsstadium den Kontakt zum Fertigteilwerk suchen. Die Verbände stehen hierbei gerne beratend zur Seite.

Unser besonderer Dank gilt Herrn Dipl.-Ing. Marius Dittrich für die CAD-Aufbereitung der Daten. Den Architekten danken wir für die Hergabe der Unterlagen, dem Verlag Bau+Technik GmbH, Düsseldorf, für die vielfältigen Arbeiten bei der Herstellung sowie der Fachvereinigung Deutscher Betonfertigteilbau e.V., Bonn, und der InformationsZentrum Beton GmbH, Köln, für die Herausgabe des Buches.

Januar 2000 — Die Verfasser

1 Einführung

Anhand von Beispielen gibt dieses Buch dem planenden und für die Ausführung verantwortlichen Architekten eine Hilfe in die Hand, welche ihn mit den neuesten Technologien von Betonfertigteilen für die Konstruktion und Gestaltung vertraut macht.

Die Themenpalette reicht vom Tragwerk bis zur Oberflächengestaltung unserer Bauten. Durch die Notwendigkeit der Energieeinsparung, das Thema des Vollwärmeschutzes und dem damit verbundenen mehrschichtigen Aufbau der Aussenwände hat der Entwurf der Fassade nicht nur für das Erscheinungsbild, sondern darüber hinaus auch für die Kostenkontrolle der „reinen Baukosten" besondere Bedeutung erlangt.

Aus dem Planen mit massiven Wänden, welche auch gleichzeitig für das Erscheinungsbild verantwortlich waren, wurde eine äußerst komplexe Technologie der Oberflächen. Die vielfältigsten Isolierschichten sind nach außen mit den vielfältigsten witterungsresistenten Materialien zu verkleiden und bilden so einen komplizierten Schichtenaufbau, wobei die bei weitem größte Vielfalt in Gestalt, Farbe und Struktur durch die Anwendung von Betonfertigteilelementen zu erreichen ist. Dies zu erläutern und Hilfen im Einzelnen zu geben ist Ziel dieses Buches.

Durch neue Technologien der Bearbeitung der Betonoberflächen, die Möglichkeit sie zu polieren, zu schleifen, zu färben und dies alles witterungsbeständig, erhält der Architekt ein erweitertes Potential an Gestaltungsmöglichkeiten für seinen Entwurf. Hinzu kommt die unendliche große Variationsbreite der dreidimensionalen Ausbildung von Betonelementen, die dem Entwurf von Betonfertigteilen durch die Schalungstechniken schon immer zu eigen war.

Das Spektrum der stets technisch erläuterten Beispiele reicht vom Skelettbau über die einbzw. zweischaligen Fassadentafeln bis zu Gitter- und Bandfassaden und der Gestaltung mit reinen Blendelementen. Von Vorteil ist, dass die Abmessungen der Betonfassadenelemente im Wesentlichen nur durch Transportvoraussetzungen (Brückendurchfahrthöhen, Straßenbreiten etc.) begrenzt sind. Die dadurch erreichbare großflächige Struktur der Gestaltung und Anwendung wirkt wohltuend. Die Montierbarkeit und die Toleranzproblematik ist dank der fortschreitenden Mechanisierung der Herstellungs- und Montagetechniken sehr viel leichter und präziser geworden.

Wie aus dem Inhaltsverzeichnis ersichtlich, wird fast jedes Thema durch gebaute Beispiele erläutert. Die jeweiligen hierzu gehörenden Details wurden zugunsten einer besseren Übersichtlichkeit sämtlich mit einer einheitlichen Grafik neu gezeichnet.

Bauphysikalische Probleme werden nur behandelt, soweit sie unmittelbar zum Thema „Bauen mit Betonfertigteilelementen" gehören, weil auf diesem Gebiet die Literatur sehr umfangreich geworden ist.

Der besseren Übersichtlichkeit halber stehen am Anfang die Erläuterungen und Beispiele zu Skelett und Fassade und danach die Beschreibungen des Bauens mit Betonfertigteilen im Einzelnen. Nicht nur durch neuartige Oberflächentechnologien hat die Anwendung des Baustoffs Beton auch im Bereich der Fassade eine große Zukunft.

2 Skelette

Wohnbau in München-Schwabing, D, 1969-1975

Bauherr: Otto Steidle, München
Architekten: Otto Steidle, München, mit Doris und Ralph Thut und Jens Freiberg
Ingenieure: Ingenieurbüro D. Herrschmann, München

Außen sichtbare Skelette sind in unserer Zeit des Vollwärmeschutzes aufgrund der möglichen Wärmebrücken eher gewagte Konstruktionen. So ist es nicht verwunderlich, sie ausschließlich in den europäischen Nachbarländern anzutreffen, wo die Innendämmung weiterhin gebräuchlich ist. Vor rd. 25 Jahren baute Otto Steidle die Wohnungen an der Genter Straße nach einem Baukastenprinzip aus Betonfertigteilen und Fassadenelementen, das als Prototyp für die Architekturauffassung der offenen Systeme und variablen Grundrisse gilt und in dieser Konsequenz einmalig blieb.
In jüngster Zeit entstanden wieder einige Geschossbauten, die sich ausschließlich des Tragwerks als Gestaltmittel bedienen, ohne gleichzeitig auf mögliche Nutzungsänderungen im Inneren zu reflektieren. Dennoch geben ihnen die sichtbaren Skelette aus Betonfertigteilen eine unverwechselbare Erscheinung.

Experiment und Referenz für offene Systeme aus Betonfertigteilen, Nordseite des 1. Bauabschnitts

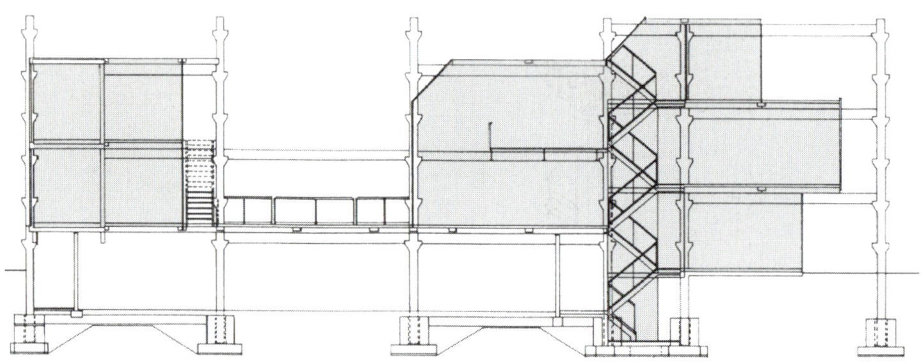

Tragwerk, umbauter Raum und Erweiterungspotential

Krankenheim Bern-Wittigkofen, CH, 1989

Bauherr:	Verein Krankenheime Gottesgnad (BIK), Bern
Architekten:	Atelier 5, Architekten + Planer, Bern
Ingenieure:	H.P. Stocker + Partner, Bern

Die offene, räumliche Gliederung der Geschosse mit ihren sägezahnartig hervorspringenden Individualräumen basiert auf einer klaren Trennung von Roh- und Ausbau. In die dreigeschossigen vorgefertigten Schleuderbetonstützen sind die Deckenträger eingehängt. Thermisch getrennt von der Geschossdecke verbinden vorfabrizierte Deckenblenden die Stützen im Bereich der Fassaden. Entweder füllen geschosshohe Fensterelemente oder hinterlüftete, auf Blechprofilständern errichtete, doppelte Leichtbauwände die Gefache aus.

Schleuderbetonstützen werden in rotierenden Stahlformen hergestellt. Durch die Zentrifugalkraft werden die schweren Partikel des plastischen bis weichen Betons und ein Teil des Überschusswassers nach außen gedrückt. So entsteht ein dichter, hochfester Beton, der die Herstellung relativ leichter und stark beanspruchter Hohlstützen gestattet.

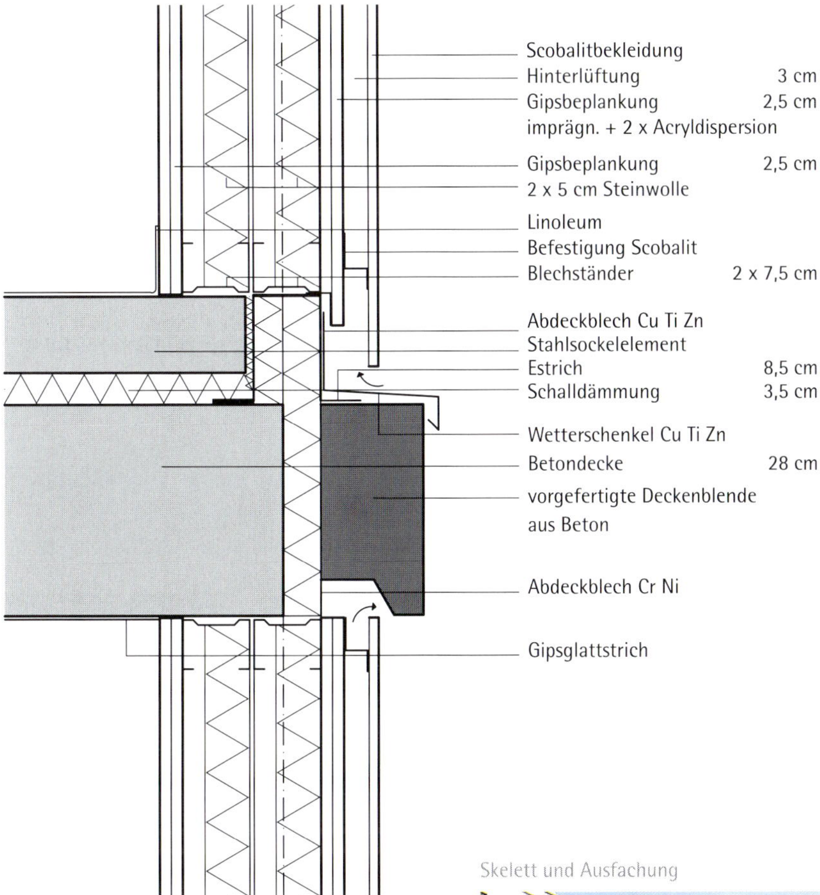

Vertikalschnitt

Skelett und Ausfachung

Horizontalschnitt

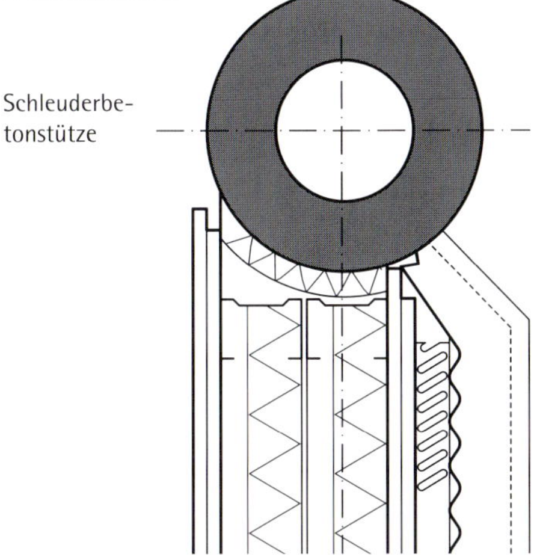

Einfamilienhaus in Gams, CH, 1995

Bauherr:	Familie Lehner
Architekten:	Christian Wagner, Jürg-Graser, Zürich
Ingenieure:	S.A.W. Spannbetonwerk, Widnau

Zwei Skelettbauweisen – eine schwere und eine leichte – ergänzen sich hier vorbildlich: Die Stahlbetonstützen und -riegel eines marktgängigen Bausystems bilden das Tragwerk, bestehend aus zwei durch querlaufende Dachbalken verbundene, drei Felder lange Stockwerksrahmen. Zwischen ihnen spannen die Hohlkastendecken, die wie die Wandelemente in Holztafelbauweise vorgefertigt sind. Die leichte Auskragung der Füllelemente verdeutlicht die Funktion der tragenden und der getragenen Bauteile. Wärmebrücken ließen sich durch die innenseitige Wärmedämmung der Stützen vermeiden. Die physiologischen Eigenschaften des Holzbaues ruhen im wahrsten Sinn des Wortes auf der Beständigkeit des Betons.

Montage des Skeletts, bestehend aus eingespannten Stützen, kraftschlüssig eingebundenen Längsträgern und aussteifenden Querträgern in der Dachebene

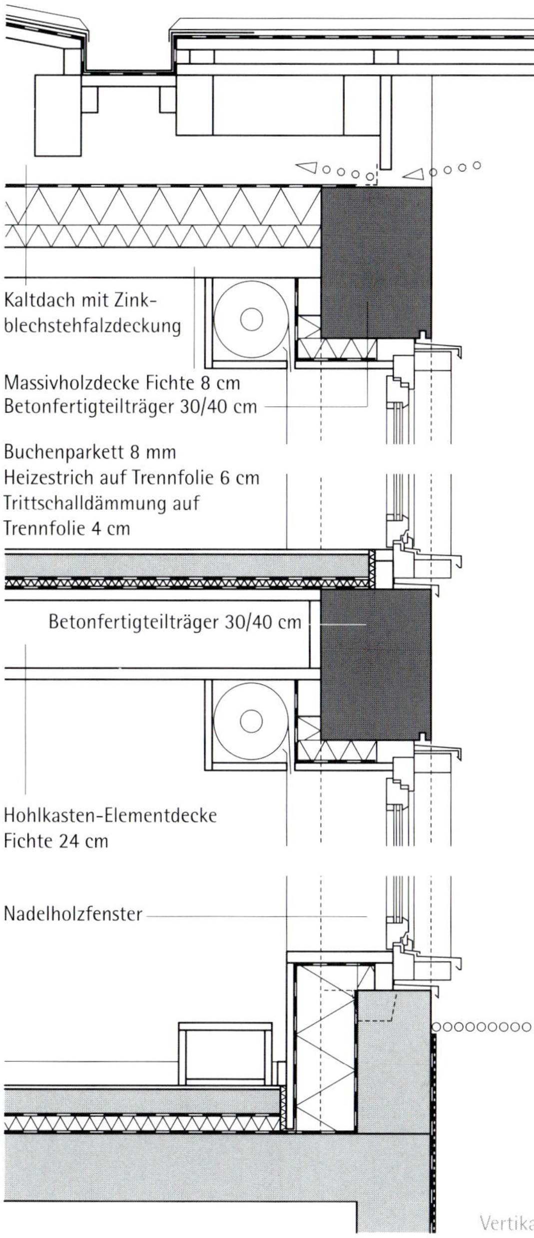

Vertikalschnitt

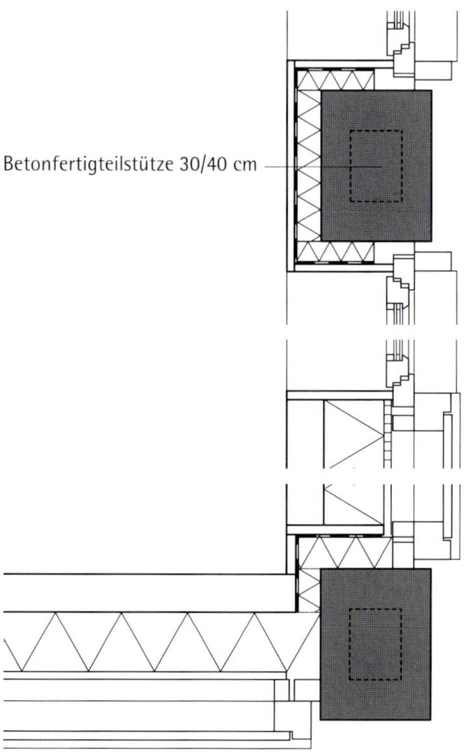

Horizontalschnitt der Gebäudeecke

Einbau der Holztafeln

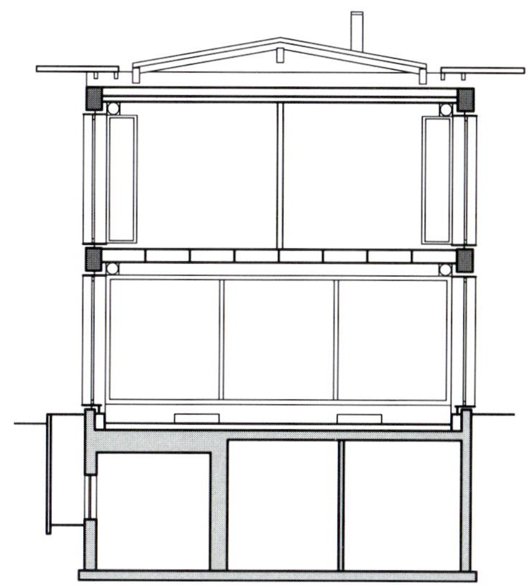

Querschnitt

Giebelansicht

Univerität Orléans, Seminargebäude für Forschung und Lehre, F, 1995

Bauherr: Rectorat de l´académie d´Orléans-Tours, Orléans
Architekten: Bernard Dufournet, Paris
Ingenieure: G II, Paris

Das robuste Raster aus Trägern und Stützen resultiert aus der Absicht, den Körper so einfach wie möglich zu strukturieren. Es besteht im Aufriss aus dem 60 cm breiten Liniennetz der Tragwerksglieder und den 3,4 m hohen und 7,2 m breiten Fassadenfeldern, hinter denen die Seminarräume liegen. Sie sind zum Großteil mit geschlossenen Brüstungen versehen, die als Aufdoppelungen der Balken erscheinen. Vorgespannte Träger in Querrichtung nehmen die Elementdecken auf. Die khakifarbenen, lasierten Betonfertigteile suchen die farbliche Entsprechung zum dreiseitigen Baumbestand der Eichen. In Längsrichtung steifen die zu Stockwerksrahmen starr verbundenen Tragglieder das Gebäude aus, in Querrichtung sind es Ortbetonschotten. Zur Vermeidung einer zu hohen Bewehrungskonzentration und der damit einher gehenden Gefahr der unzureichenden Betonüberdeckung in den Knoten dienen Schaftverbindungen in Form von Stahlrohren als Bewehrungsfortsatz der eingeschossigen Fertigteilstützen. Der Knotenverguss erfolgt hinter dem als verlorene Schalung eingesetzten, 60/60/6 cm großen „Schluss"-Fertigteil.

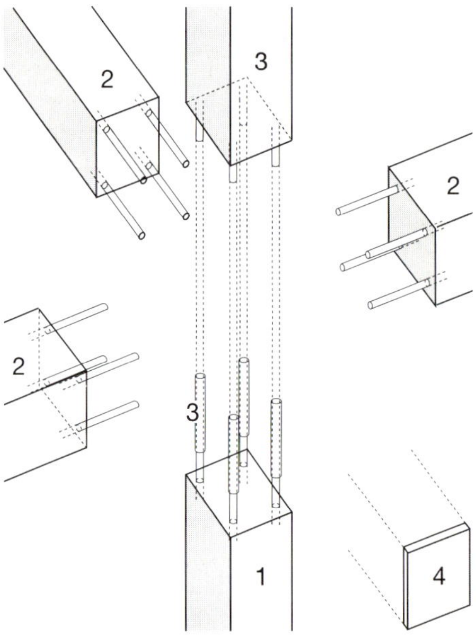

Montagefolge der Stützen und Träger am Vergussknoten

Das robuste, khakifarbene Fertigteilskelett gliedert die Fassaden.

Winkelförmige „Schluss"-Fertigteile an den Ecken bilden die verlorene Schalung beim Knotenverguss.

Im Innenausbau dominiert das Raumgitter aus Stützen und Trägern.

Konstruktives Gefüge im Gebäudequerschnitt

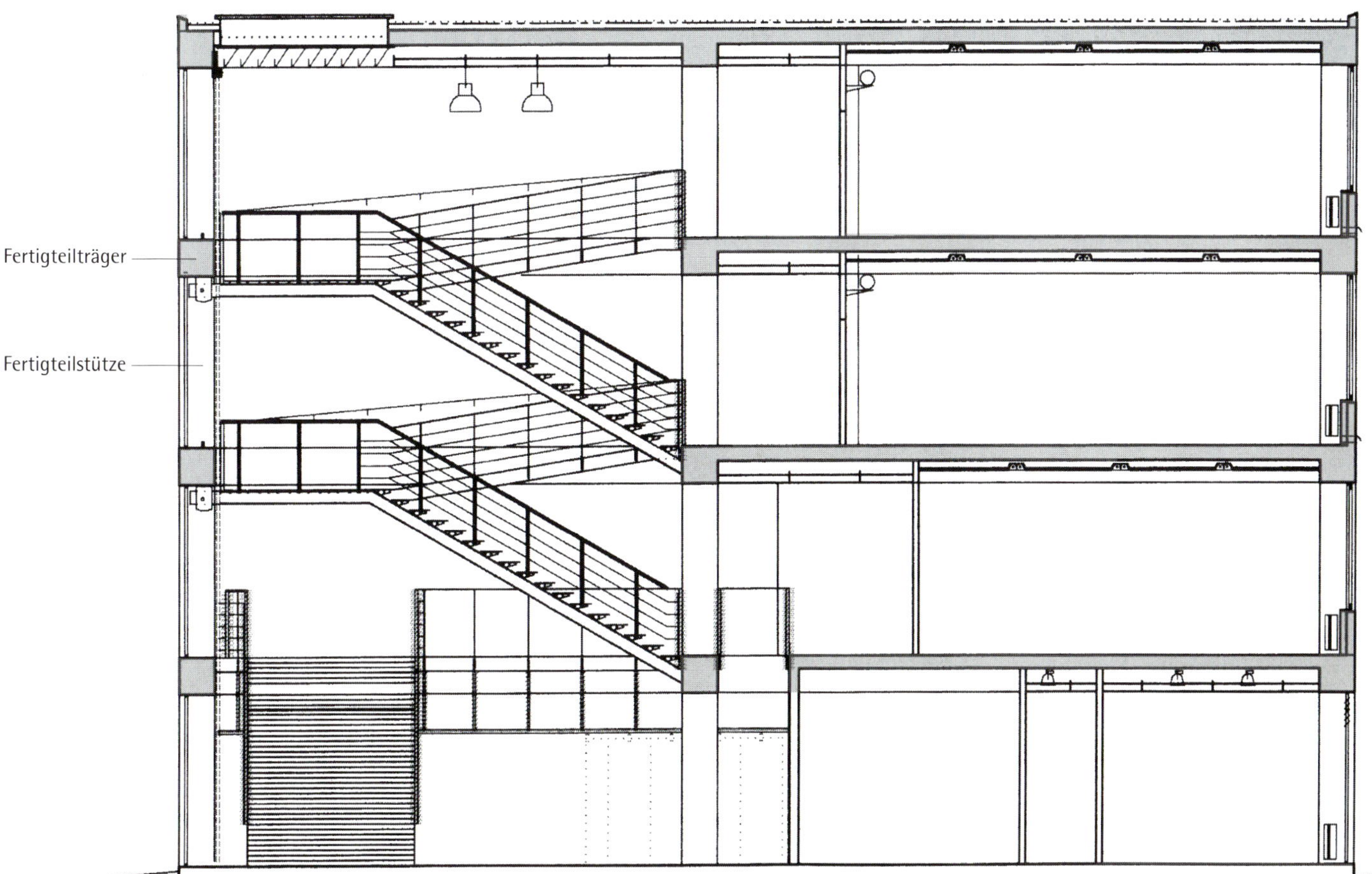

Wohn- und Geschäftshaus in Rathenow, D, 1998

Bauherr:	Rohwer Ingenieure, Rathenow
Architekten:	Jochen Keim + Klaus Sill, Hamburg
Ingenieure:	Rohwer Ingenieure, Rathenow

Im Rahmen der Blocksanierung mussten die hofseitigen, stark verfallenen Anbauten abgerissen werden.
Entkernt bis auf die tragenden Wände und das Treppenhaus bot sich baurechtlich eine Erweiterung des Gebäudes ins Blockinnere an. Anstelle der ursprünglich geplanten traditionellen Massivbauweise erwies sich ein Fertigteilbau als wesentlich wirtschaftlicher.
Ein Skelett aus Betonfertigteilstützen und -trägern steht mit Abstand vor dem Altbau. Darin eingeschoben sind zwölf vorgefertigte Wohncontainer in Leichtbauweise auf massiven Bodenplatten aus Fertigteilen.
Werkseits komplett ausgerüstet, einschließlich der Sanitärobjekte, beschränkt sich ihre Breite aus Transportgründen auf 2,50 m.
Jeder Container besteht aus handelsüblichen Industrieprodukten, ist allseitig wärmegedämmt und mit eloxierten Aluminiumwellblechen bekleidet.
Das sprichwörtliche Andocken an die bauseitigen Versorgungsleitungen, das Einschieben der Container in ein Raumgitter und die totale Vorfertigung aller Komponenten entspricht mit diesem gebauten Beispiel erstmals den Visionen der Konstruktivisten der Moderne, auch wenn die Austauschbarkeit der Container kein Kriterium für ihre Wahl war.

Eine Vision der Moderne auf dem Prüfstand: In ein Beton-Skelett geschobene Container

Wand-/Dachaufbau

Aluwelle 18/76 mm
Winddichtung PE-Folie
Dämmung Mineralfaser 120 mm
Stahlblechkassette als C-Profil
600/120 mm

Fußbodenaufbau

Linoleumbelag 2 mm auf Gipsfaserplatte 2x20 mm
Fußbodenheizung in mineralischer Schüttung 20 mm
Trennlage PE-Folie
Hartschaumdämmung 40 mm
Betonfertigteilplatte 110 mm

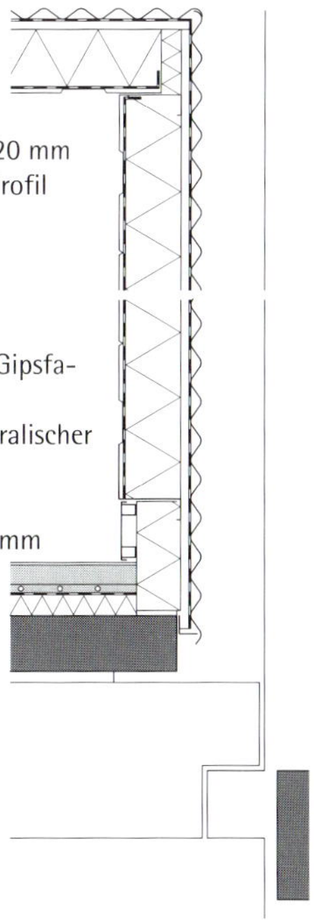

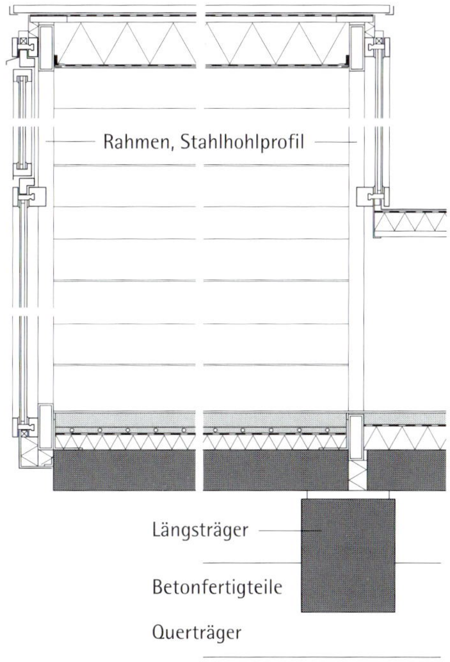

Nachtansicht der Bäder

Container-Ecke, Horizontalschnitt

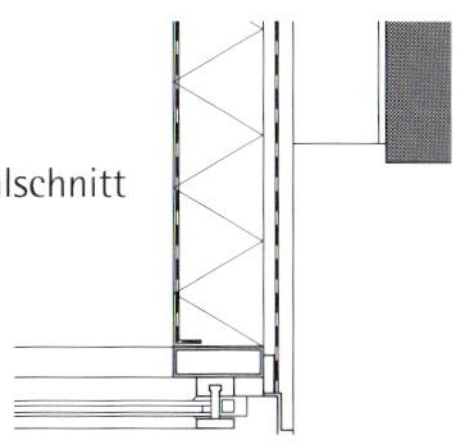

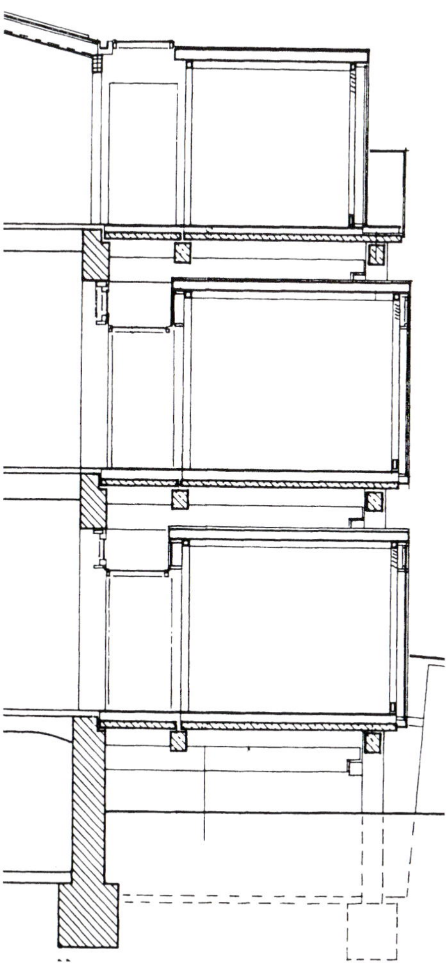

Ein starker Kontrast zum verdeckten Altbau in Massivbauweise

Straßenmeisterei in Argenteuil-Sannois, F, 1994

Bauherr:	D.D.E. Du Val d'Oise
Architekten:	S.C.P.A. Beguin & Macchini, Paris
Ingenieure:	P.F. Duchasseint, Paris

Nicht eine Ansammlung von den üblichen Systembauhallen wollte der Bauherr an diesem Verkehrsknotenpunkt, sondern eine baukünstlerisch gestaltete Straßenmeisterei. Daher lobte er einen Architektenwettbewerb aus.
Mit dem 1. Preis ausgezeichnet und zur Ausführung gelangte der zugleich ausdrucksstarke und landschaftsgebundene Entwurf, dessen Tragwerk aus Fertigteilen in hellgrauem Beton die Assoziation zu den Brückenbauwerken der angrenzenden Schnellstraßen herstellt.
Über dem in den Hügel des städtischen Grüngürtels geschobenen Baukörper setzt sich das Erdreich in den fünf stufenförmig gestaffelten Trogringen fort.
Zwanzig einhüftige, auf das Zentrum des Verteilerkreises der Zufahrt gerichtete Rahmen mit geneigten Pendelstützen tragen die polygonal gereihten Tröge.
Ihre schwingenartigen Querschnitte begünstigen den indirekten Tageslichteinfall durch die Oberlichter. Nur zur Hofseite öffnet sich das Gebäude großflächig. Hinter der Leichtbaufassade an einem Ende befinden sich die Einsatzleitung, im entgegengesetzten offenen Bereich die Schüttgutlager und dazwischen die Hubsegmenttore für den Fuhrpark.
Unter der Bodenplatte verlaufen im Bereich der Rahmen Streifenfundamente, die als Zuganker wirken.
In den peripheren Ringfundamenten endend verbinden sie die innenräumlichen Rahmenstützen, die gleichzeitig die Stützwand aussteifen, mit den außen liegenden Zylinderschäften der Kugelköpfe.
Die beidseitig verjüngten Pendelstützen sind am Fußpunkt mittels einer konischen Hülse auf den einbetonierten Dorn des Kugelfundaments zentriert und stoßen mit ihrem Dorn am Kopfende in die Hülse des Trägers.
So entstanden einfache gelenkige Anschlüsse mit Edelstahlverbindungen.
Die wellenförmige Oberseite der Träger passt sich dem Querschnitt der im Mittel 6 m langen und 3 m breiten Trogelemente an, deren Stöße vergossen sind.
Mit geringen baulichen Veränderungen zur erforderlichen geometrischen Verkürzung konnten alle Tröge mit einem Schalungstyp hergestellt werden.
Die Randelemente wurden mit geschweißten Auffütterungen versehen, so dass – im Gegensatz zu den inneren Polygonzügen – hof- und hügelseitig Ränder in perfekten Kurven entstanden.
Alle Elemente wurden mit einem Beton B 45 gefertigt und konnten bereits nach drei Tagen transportiert und montiert werden.

Die Tragelemente sitzen passgenau auf den wellenförmigen Oberseiten der Träger.

Konzentration der Stützenlasten auf den Dorn des Kugelfundaments

Um die Verunreinigung des Sichtbetons durch die Ablagerung von Rußpartikeln an diesem extrem belasteten Ort zu vermeiden, wurden alle Fertigteile mit einer transparenten Schutzlasur überzogen.

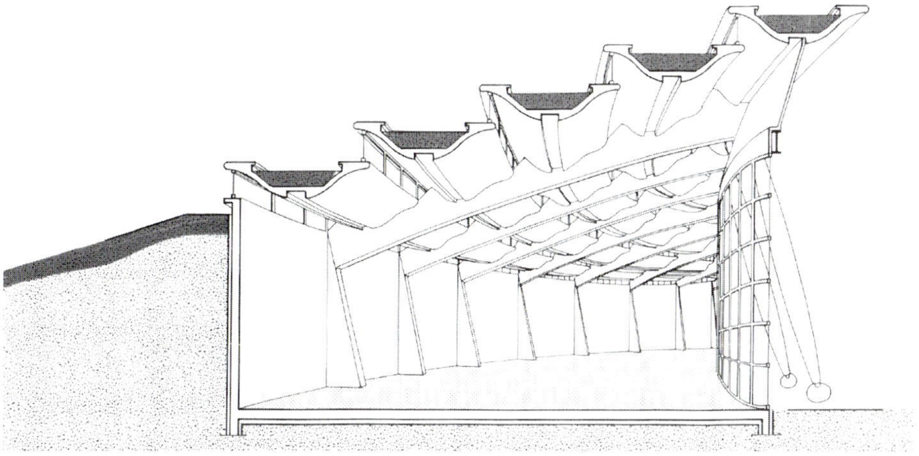

Bildnachweis zu Kapitel „Skelette"

S. 14	Verlag Bau+Technik, Düsseldorf
S. 15	Gerhard Praßer, Köln
S. 16-17	Andrea Helbling, Zürich; Gerhard Praßer, Köln
S. 18-19	Olivier Wogensky, Paris
S. 20-21	Christoph Gebler u. Klaus Sill, Hamburg
S. 22-23	Marcus Robinson, Paris

3 Fassadentafeln aus Sichtbeton

Während beim gewöhnlichen Ortbeton, die Möglichkeiten der Oberflächengestaltung herstellungsbedingt eingeschränkt sind, besteht der Sichtbeton der im Werk hergestellten Fertigteile aus Betonmischungen mit speziellen Zuschlagstoffen und vielfältigen Strukturen.
Er weist besondere Oberflächen auf, die durch unterschiedliche Bearbeitungen wie Absäuern, Sandstrahlen, Waschen, Polieren und Lasieren erreicht werden.
In der Regel handelt es sich um 7-14 cm dicke Vorsatzschalen, die vor dem Rohbau angeordnet oder Bestandteil von Sandwichelementen sind. Sie können ebenfalls mit Bruchsteinen, Natursteinplatten, Mauerziegeln und Ziegelhohlkörpern beschichtet sein.
Fassadentafeln aus Sichtbeton können, im Vergleich zu den maximal 1 m^2 großen Natursteinplatten, maximale Abmessungen von 4,0 m in der einen und 10,0 m in der anderen Richtung haben. Die größte Länge der Vorsatzschale sollte 5,0 m nicht überschreiten.
Sichtbeton-Fassadentafeln lassen sich plastisch gestalten, mit Aufdickungen und Vertiefungen, partiell unterschiedlichen Oberflächenbeschaffenheiten und flächengliedernden Scheinfugen.
Längst hat sich die Monotonie der 60er und 70er Jahre, hervorgerufen durch das Diktat der Reihung und Stapelung immer gleicher Fassadenelemente - ohne Anfang und ohne Ende - ins Gegenteil verkehrt. Im Vordergrund der Gestaltung steht die ganzheitliche Erscheinung des Baukörpers. Die Fassadentafeln dienen als Mittel zum Zweck einer neuen Architekturauffassung des Wechselspiels der Materialien. Das erklärt die zunehmende kooperative Experimentierfreude von Architekten und Betonfertigteilherstellern, für ein bestimmtes Gebäude die ganz individuelle Bekleidung mit Fassadentafeln aus Sichtbeton zu entwickeln.

Anhand der folgenden Beispiele, die nach konstruktiven und gestalterischen Gesichtspunkten geordnet sind, zeigen wir den Stand der bisherigen Entwicklung.

1. Einschichtige, vorgehängte Wandtafeln
   - Lochfassaden
   - Flächige Kombinationen
   - Gitter- und Bandfassaden

2. Zweischichtige, vorgehängte Wandtafeln
   - Natursteine
   - Naturstein- und Betonwerksteinplatten
   - Spaltsteine
   - Glasfaserbewehrter Beton

3. Mehrschichtige Fassadentafeln – Sandwichtafeln
   - tragend
   - nicht tragend

4. Einschichtige, tragende Wandtafeln; Sonderfälle
   - ohne Bekleidung
   - mit Bekleidung

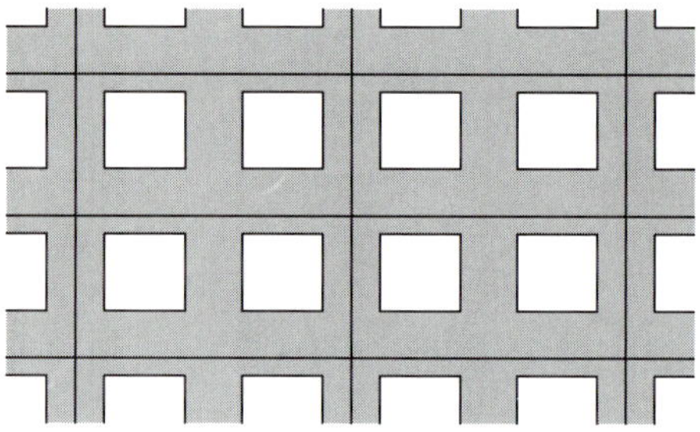

Lochfassade

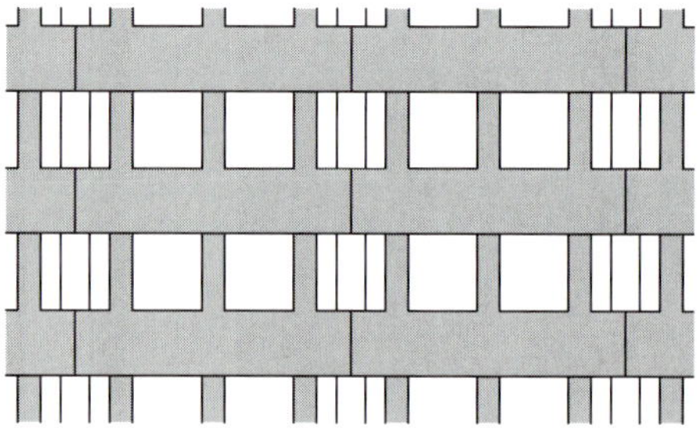

Flächige Kombinationen

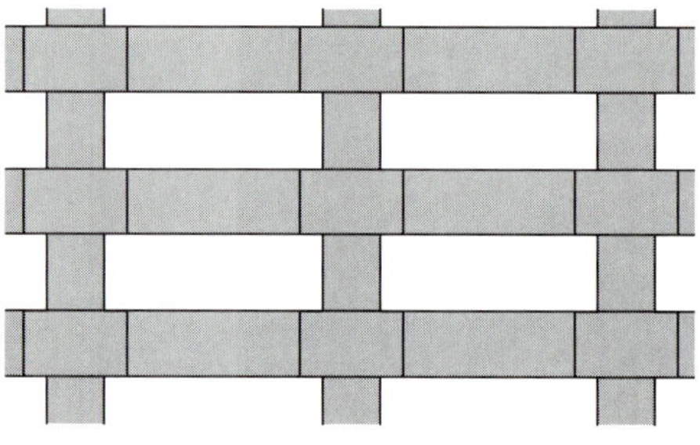

Gitterfassade

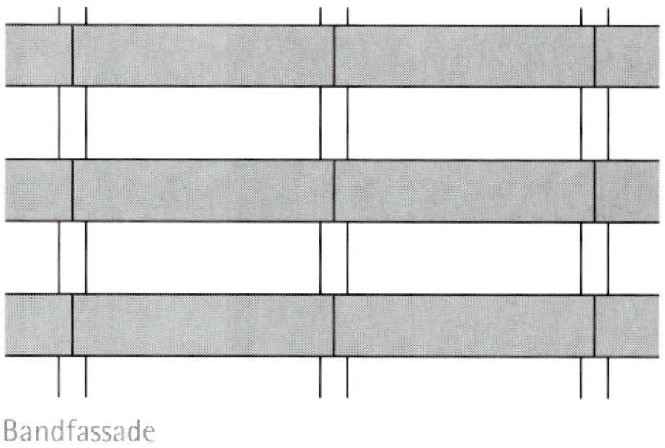

Bandfassade

3.1 Einschichtige Fassadentafeln

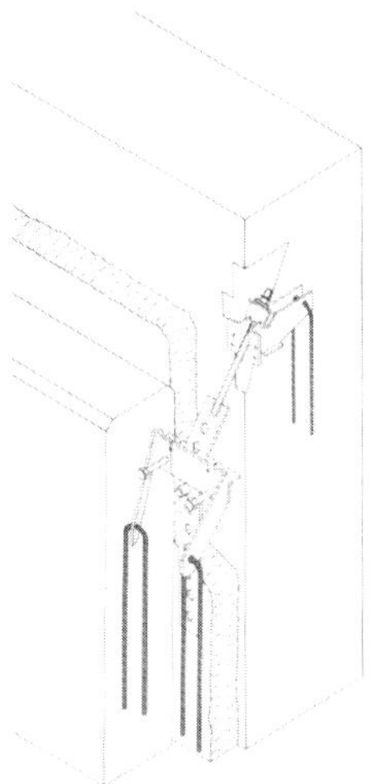
Fassadentafelanker

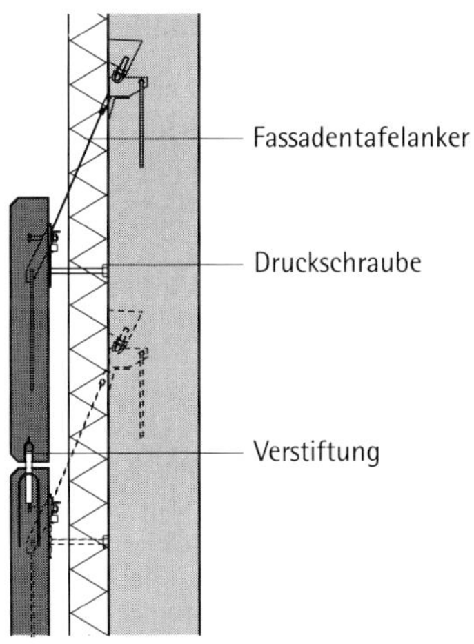

Ortbetoneinbau

unterliegen temperaturbedingten Dehnungen und Verkürzungen.
Die freie Aufhängung mit zwei symmetrisch angeordneten Ankern trägt das Eigengewicht und erfüllt in idealer Weise die Forderung nach einer zwängungsfreien Befestigung. Systemabhängig werden sie entweder in Tragarme eingehängt, die in die Ortbetonwand integriert sind, oder mit Hilfe von Dübeln oder bauseits vorgesehenen Ankerschienen auf die tragende Wand geschraubt.
Bis zu 34 kN, d.h. bis zu 30 m² große Tafeln, können auf diese Weise mit zwei Ankern aufgehängt werden.

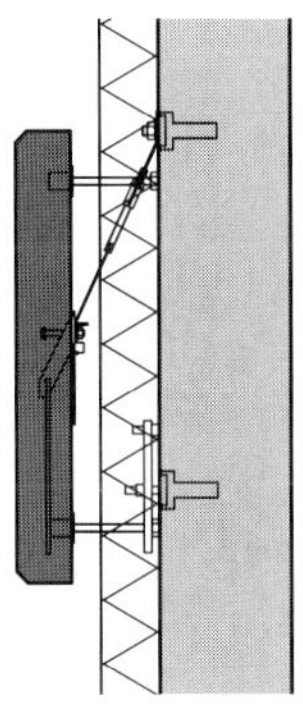
Verankerung in Ankerschienen

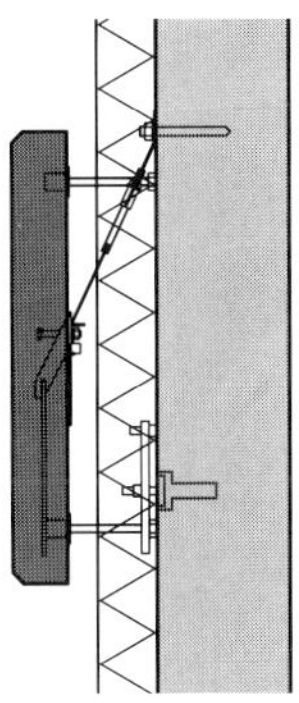
Verankerung mit Dübeln

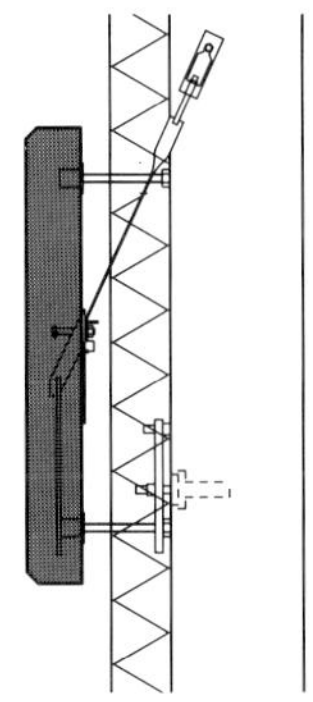
seitliche Befestigung

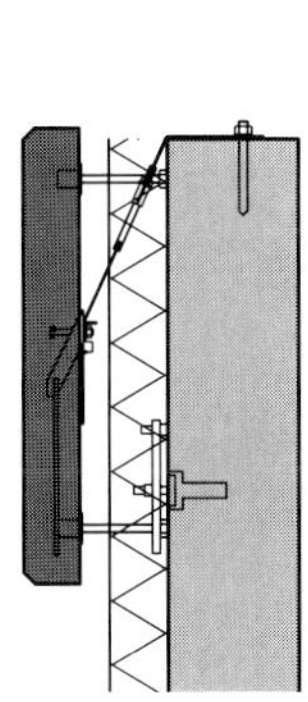
auf Attika oder Brüstung

Sonderausführungen der Anker ermöglichen die Befestigung in den seitlichen und unteren Laibungen der Rohbauöffnungen sowie auf der Attikaaufkantung der tragenden Wand. Regelbare Horizontalanker, wie Druckschrauben, Windanker, Luftspaltdrehanker und Verstiftungen, nehmen die Druck- und Sogkräfte auf und gewährleisten die präzise Einbindung jeder Fassadentafel in die Fassadenebene während der Montage.

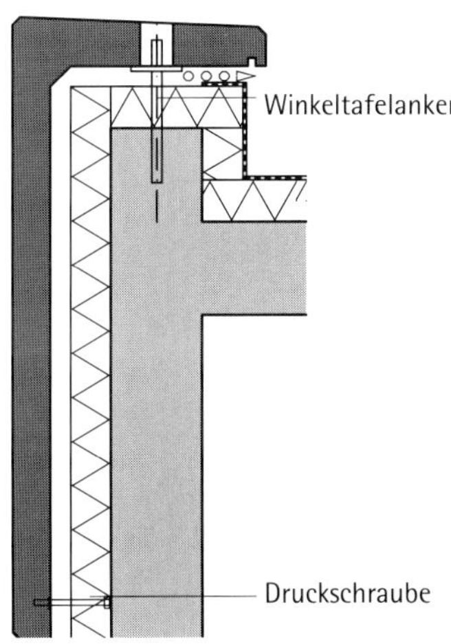

Winkeltafeln, die der Attikaüberdeckung dienen, sitzen mit durchstoßenden oder verdeckten Spornen auf der tragenden Wand. Ein Dauergleitmittel auf den Lagerplatten erleichtert die temporären Verschiebungen. Druckschrauben stützen den vertikalen Schenkel zur Wand ab.

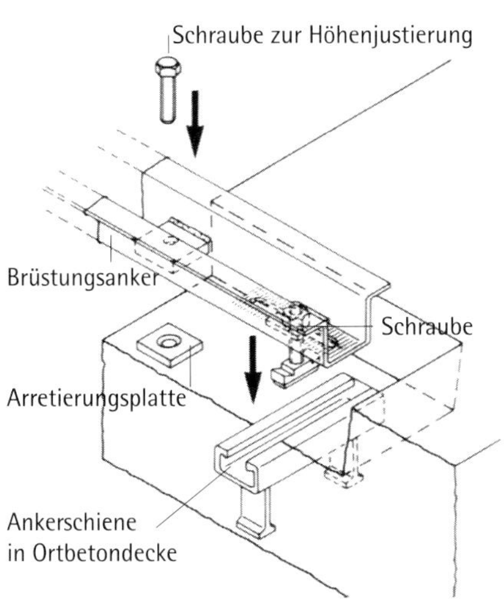

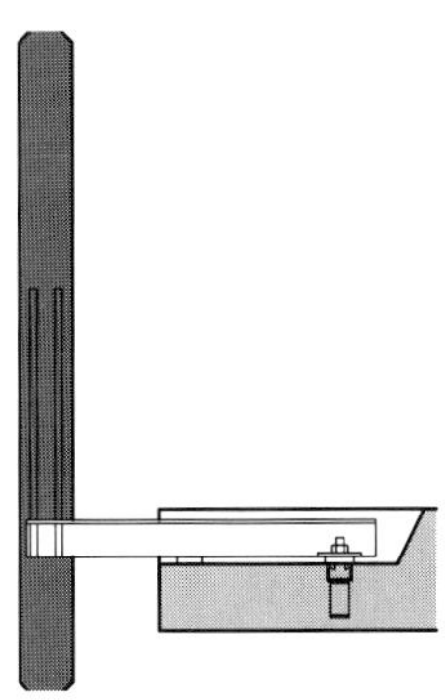
Brüstungsanker

Brüstungstafeln, die vor auskragenden Geschossdecken sitzen, werden mit speziellen Brüstungsankern in die dafür vorgesehenen Aussparungen in der Ortbetondecke eingebunden. Während der Montage sind sie dreidimensional justierbar, nach dem Verguss der Stahlkonsolen biegesteif mit der Decke verbunden. Sämtliche Befestigungsmittel müssen aus nicht rostendem Stahl bestehen. Aufgrund der geringen Anzahl und Stahlquerschnitte der Verbindungsmittel, die die Wärmedämmung durchdringen, sind die Wärmebrücken als vernachlässigbar anzusehen.

3.1.1 Lochfassaden

Umspannwerk Erwitte, D, 1995

Bauherr: VEW Energie, Dortmund
Architekten: Diego Rodriguez, Andreas Hanke, Dortmund
Ingenieure: Hachmann, Recklinghausen

Die unmittelbare Nähe zur Zementindustrie gab den Ausschlag für die Wahl des Baustoffes Beton zur Gestaltung der Oberflächen. Durchsetzt mit vielen kleinen Lichtscharten aus Glasbausteinen, die besonders nachts die Umwandlung der elektrischen Energie in Licht visualisieren, sticht bei Tage das weithin sichtbare Ultramarineblau der 12 cm dicken Fertigteile ins Auge, umschlossen vom Faraday'schen Metallkäfig.
Wie der tiefblaue Himmel so steht diese Farbe nach Goethes Farblehre für Ferne und Unbegreifliches, eben Elektrizität.
So ungezwungen wie mit der Attikaausbildung wurde mit der Laibungstiefe der Lichtscharten verfahren. Bündig fassen Aufdickungen die zurückgesetzten Glasbausteinelemente.
Perfekt integrieren sie sich in die großen Tafeln.

Der Faraday'sche Käfig

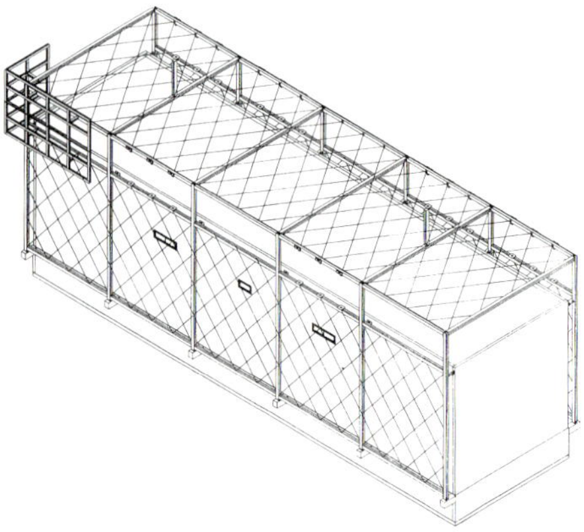

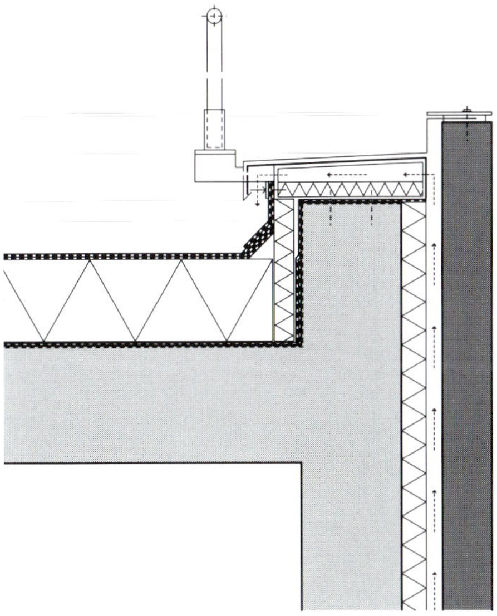

Vertikalschnitt Dachanschluss

Passgenaue Aussparungen in den Sichtbetontafeln

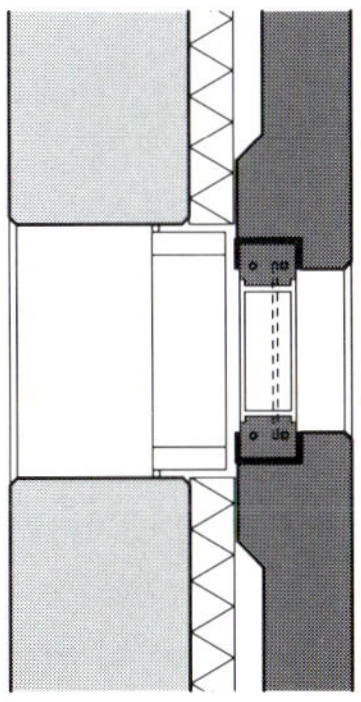

Vertikalschnitt „Lichtscharten"

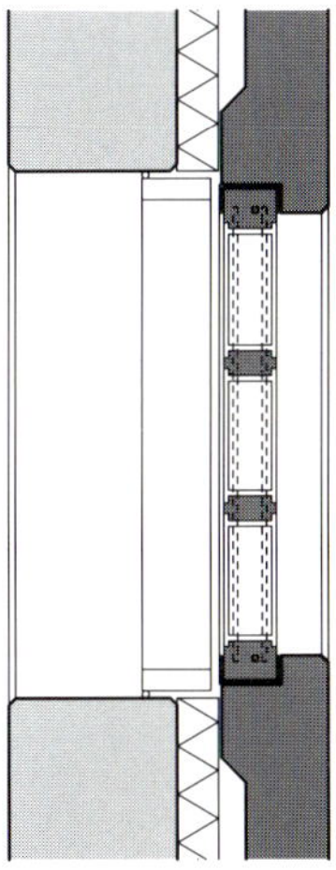

Horizontalschnitt
der „Lichtscharten" aus Glasbausteinen

Verdeutlichung der Funktion in der Nacht: die Umwandlung der elektrischen Energie in Licht

Wandaufbau
(außen nach innen)

Sichtbeton-Wandtafel	12 cm
Luftschicht	4 cm
Wärmedämmung	6 cm
Ortbeton	25 cm

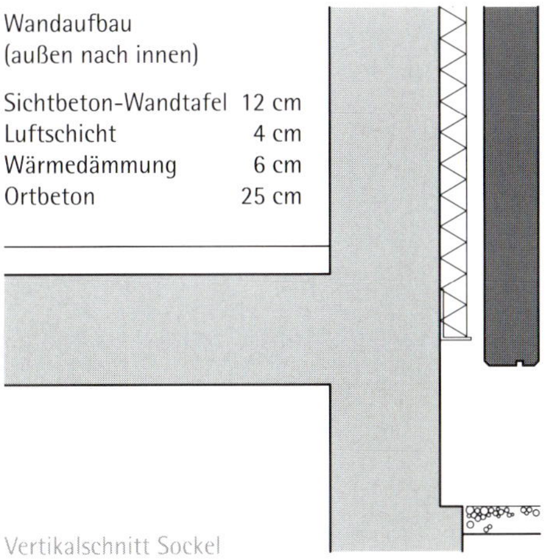

Vertikalschnitt Sockel

Universitäts-Institut zur Fortbildung von Lehrern in Rennes, F, 1996

Bauherr: Rectorat de l'Académie de Rennes
Architekten: Brigitte Hellin, Hilda Sebbag, Montpellier + Paris
Ingenieure: G.E.C. Ingénierie, Rennes

Baukörperstaffelung am neu angelegten Park

Die geschlossenen Fassaden verlangten nach einer einheitlichen Gliederung, um die unterschiedlichsten, introvertierten Funktionen mit wechselnden Geschosshöhen, wie Hörsäle, Bibliotheksarchive, Studios und dienende Räume, in den drei gestaffelten Baukörpern formal zu einem Institut zusammenzufassen.
Auf die Kreuzungspunkte des Fassadenrasters von 2 x 1,1 m reagieren die 10 cm dicken Fertigteile mit Negativecken, so dass sich Kleinquadrate von 36/36 cm ergeben.
Entweder streuen sie das Licht durch die zurückgesetzten Glasbausteine in der tragenden Wand oder markieren, rückseitig durch eine lackierte Aluminiumplatte abgedeckt, die Geschossdecken.
In Anlehnung an den Naturstein und Putz des neoklassizistischen Baubestands wurde ein Beton aus Weißzement und örtlichem Rollsplitt gewählt, der abschließend einen Feinschliff erhielt.

Fassadenraster 2 x 1,1 m

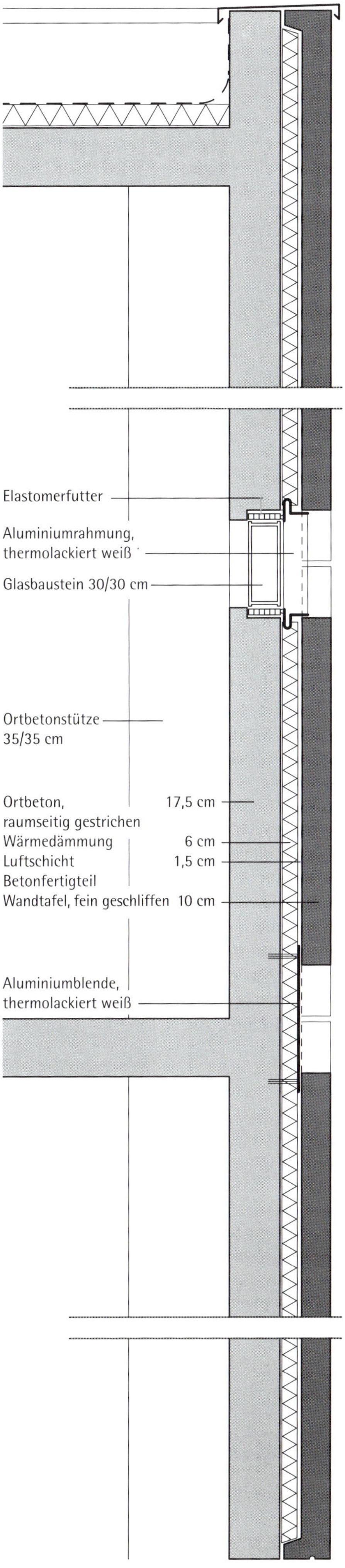

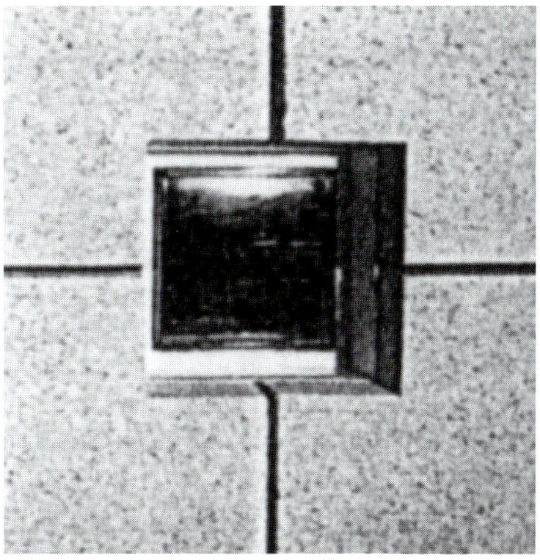

Lichtpunkt am Fugenkreuz

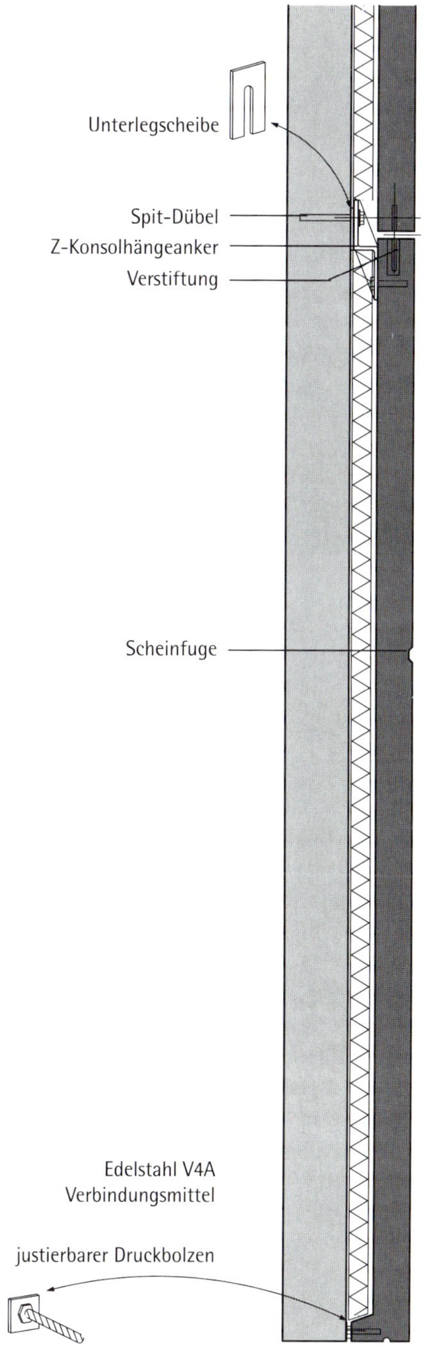

Bei Dunkelheit verkehrt sich die Wirkung - ein Raster aus Leuchtpunkten erscheint in der Fassade.

Tiefgarage „Parc des Célestins" in Lyon, F, 1994

Bauherr:	Lyon Parc Auto und Art Enterprise
Architekten:	Michel Targe, Lyon
Design:	Daniel Buren, Paris
Ingenieure:	E.S.B., Lyon

Die Tiefgarage gehört zu einer Serie von acht Neubaumaßnahmen zur Schaffung von 6500 neuen Parkplätzen. Zur üblichen Funktion gesellt sich eine neue konstruktive und gestalterische Absicht, auf rationelle Weise zu einem architektonisch anspruchsvollen Zweckbau zu gelangen.

Jede Tiefgarage hat ihre eigene formale Identität und einen individuellen Bezug zum Ort, zum Platz, unter dem sie liegt. Das Bauwerk unter dem quadratischen Vorplatz des „Théâtre des Célestins" weist eine Kapazität von 420 Stellplätzen aus. Bis zu sieben Geschosse tief schrauben sich die Stellflächen beidseitig der kreisförmigen Abfahrtsrampe in das Erdreich.

Im Zentrum des Zylinders liegt der Lichtbrunnen, an dem sich die Auffahrtsrampe emporwindet. Ein flach geneigter, sich ständig drehender Spiegel in der Tiefe bildet den Mittelpunkt. Durch ein Periskop auf der Platzoberfläche blickt der Neugierige hinab auf das sich ständig drehende Vexierbild, in dem sich die Rundbogenöffnungen der inneren Zylinderfläche ineinander verschieben.

Daniel Buren interpretiert auf diese Weise den Effekt der wellenbewegten Wasseroberfläche in einem Brunnen.

Bis auf die dem Erdreich zugewandte Mantelfläche, die als Schlitzwand vor Ort betoniert wurde, besteht das gesamte Tragwerk, einschließlich der inneren Aufdopplung dieser Außenwand, aus Betonfertigteilen. Bogenförmig ausgeschnittene Paneele schieben sich in die von den Flanschen gebildeten Nuten der Fertigteilstützen des mittleren Kreisringes, von deren

Der Versatz in den Wandtafeln folgt der Rampenneigung. Schwarze Laibungen suggerieren Fensterrahmen. Das Auge irrt zwischen Schein und Sein.

Konsolen aus die Träger als Erzeugende der Deckenneigung zur äußeren Stützwand spannen. Darüber liegen Verbunddecken aus Stahltrapezblechen mit Aufbeton.

Den Lichthof umschließen Elemente gleicher Gestalt, die außen eine glatte Oberfläche aufweisen und zur Stützenbildung entlang der Auffahrtsrampe an den Rändern aufgedickt sind. Keilförmige, vorgefertigte Deckenplatten fügen sich zur hinaufschraubenden Fahrgasse. Ihr folgen die horizontalen Fugenversätze der arkadenartig gereihten Fertigteile. Die Laibungen sind farblich so angelegt, dass der Eindruck von eingestellten Fenstern entsteht. Diese optische Täuschung vervollständigt das illusionäre Gestaltungskonzept der als sehr transparent gepriesenen Tiefgarage.

Gekrümmte Fertigteilunterzüge über den Durchfahrten

Gekrümmte Wandtafel mit Anschlussbewehrung

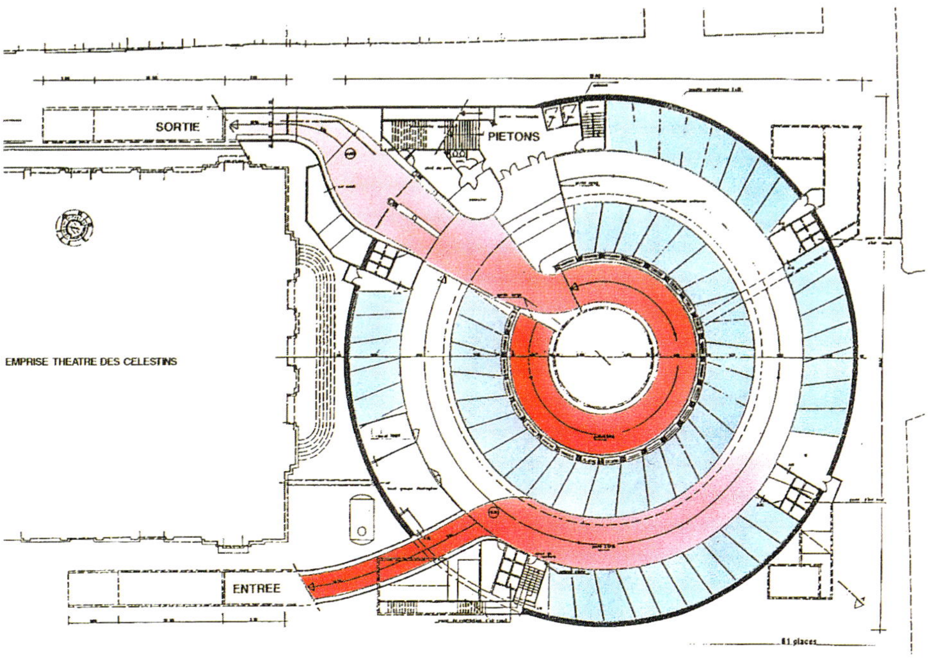

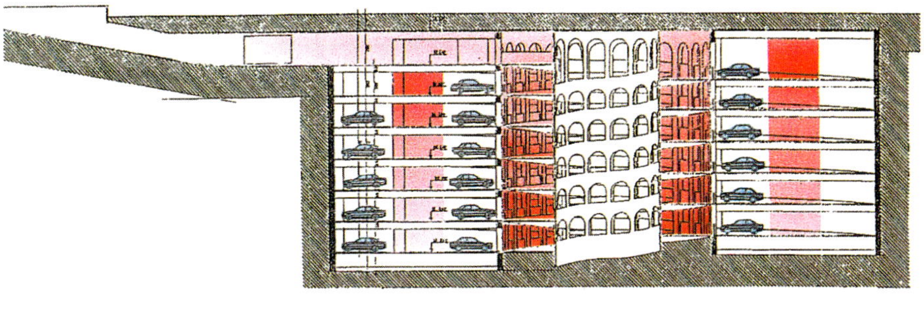

Die Funktion der Tiefgarage

Montage der gegenläufigen Rampen

Universitätsresidenz Croisset, Porte de Clignancourt, Paris, F, 1996

Bauherr:	S.A.G.I.
Architekten:	Architecture Studio, Paris
Ingenieure:	Noble Ingénierie

Das Schaufenster in der schwarzen Wand

Der extreme Geräuschpegel des Boulevard Périphérique von kontinuierlich 85 dB(A) erforderte die besondere bauliche Maßnahme eines „Lärmschutzschildes", um für Ruhe in den kammartig aufgereihten Wohntrakten auf der Südseite zu sorgen.

Zwei 100 m lange und 30 m hohe Wände, die innere geradlinig in schwarzem Ortbeton und die äußere gekrümmt aus tiefschwarzen Betonfertigteilen hergestellt, laufen an den Enden zusammen und begrenzen das Erschließungsvolumen mit Aufzügen, Treppen und Verbindungsgalerien. Nur 5 m vom Boulevard entfernt erhebt sich die 30 cm dicke, aus 5 x 1,25 m großen, leicht geschwungenen Elementen, montierte Wand. Stahlstreben ø 12 cm zur Ortbetonwand gewährleisten die Standsicherheit. Horizontale Scheinfugen überspielen die Elementstöße und steigern mit den regelmäßig angeordneten Lichtpunkten die Flächigkeit. Lichtreflektoren und Glasbausteine überlagern sich nach eigenen Rastern. Zur tiefschwarzen Erscheinung, der Abgasverschmutzung vorbeugend, tragen zwei Fertigungsaspekte bei:

- der in der Masse mittels tiefschwarzer Pigmente gefärbte Beton und
- die schwarze, porenschließende und glänzende Lasur.

Das 15 x 30 m große Schaufenster belichtet das Erschließungsvolumen, gibt den Blick von den oberen Galerien und dem gläsernen Aufzug auf den Verkehrsstrom frei und lädt den im Stau stehenden Autofahrer ein, den per Siebdruck auf dem Glas wiedergegebenen Grundriss des Gebäudes zu entschlüsseln.

Ausbauchung des Lärmschutzschildes mit Anordnung der Spreizen

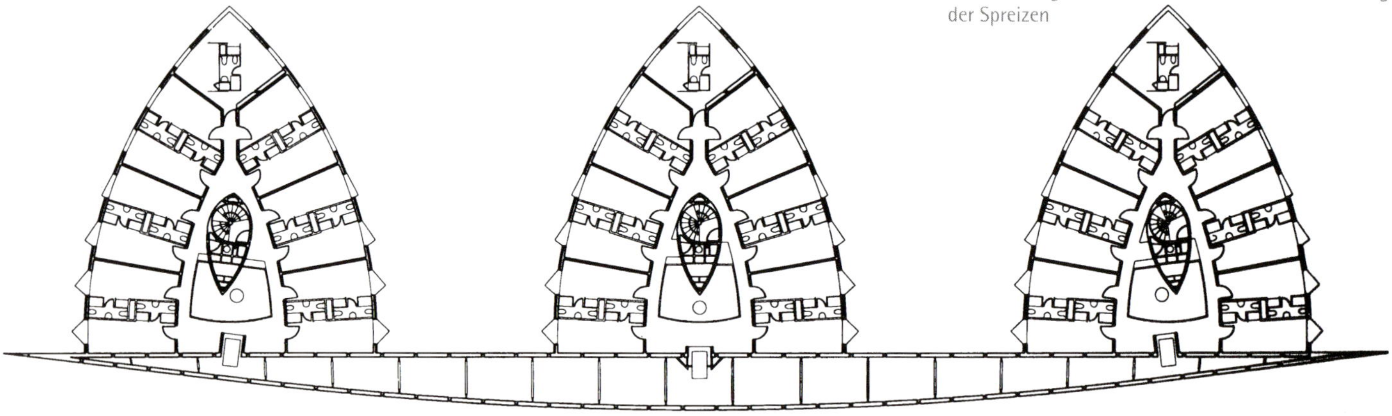

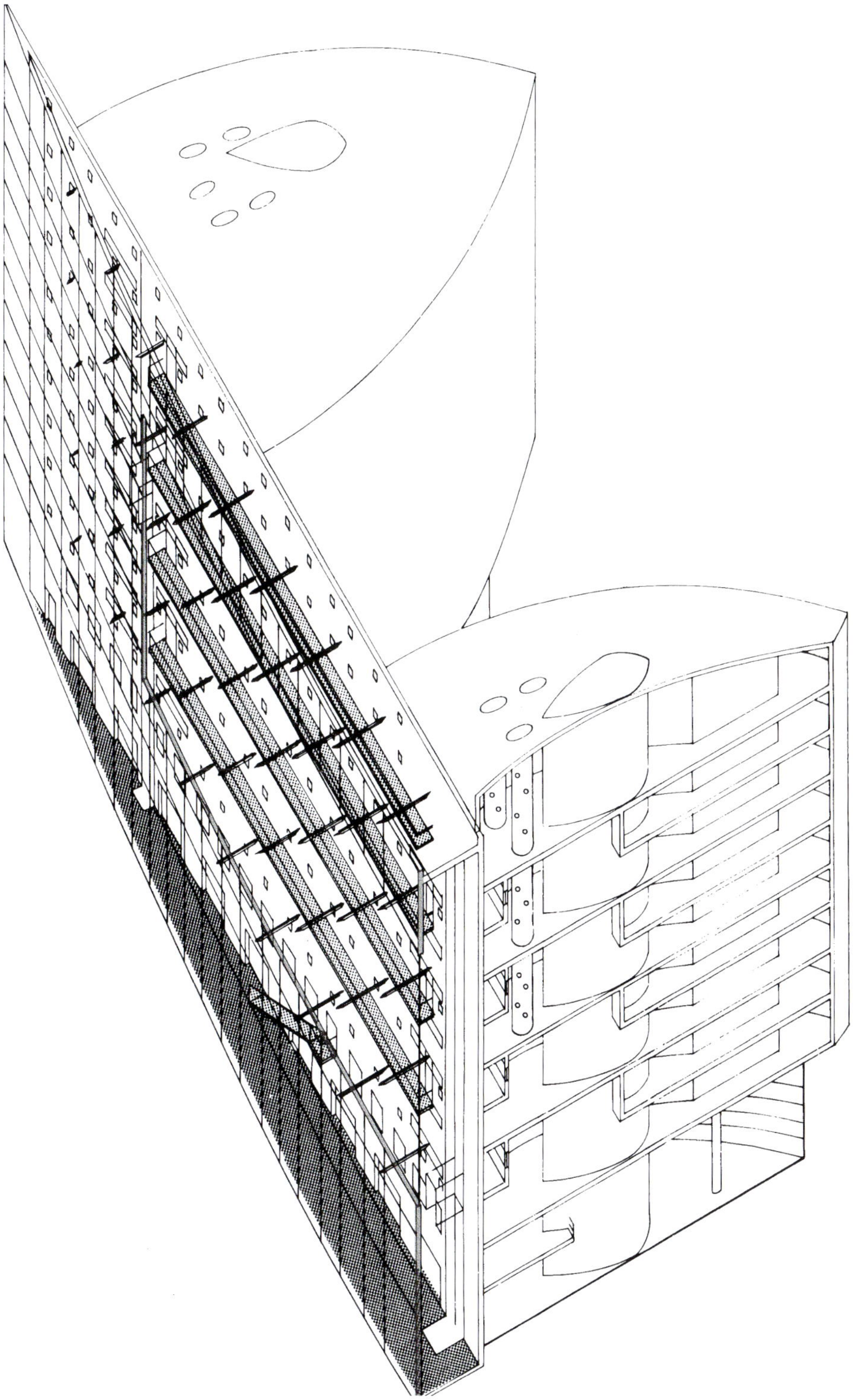

Verstrebungen im Erschließungsvolumen; links die gekrümmte Betonfertigteilwand, rechts die Ortbetonwand

Schnitt-Axonometrie mit Anordnung der Verstrebungen im Erschließungsvolumen und Fugenraster des Lärmschutzschildes aus Betonfertigteilen

Okular mit Fotomotiv

Glänzende Oberfläche des schwarz lasierten und eingefärbten Betons

3.1.2 Flächige Kombinationen

VTG-Center in Hamburg, D, 1997

Bauherr:	Dieter Becken
Architekten:	Hilde Léon und Konrad Wohlhage, mit Suter + Suter, Berlin
Ingenieure:	imbau, Hamburg; Bergmann, Lüneburg

Wandtafel an der Gebäudespitze

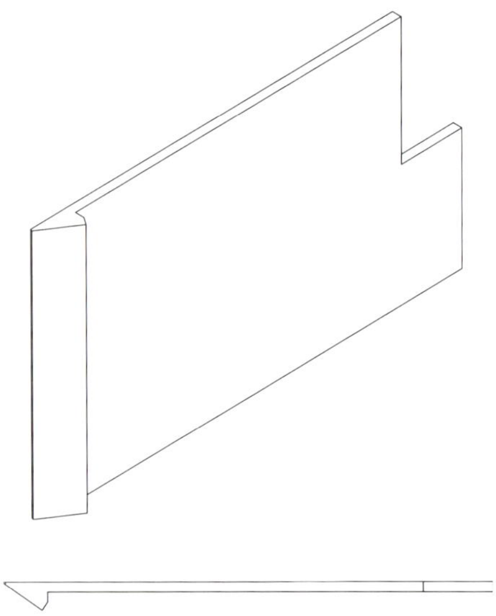

Doppelfassade an der Straße

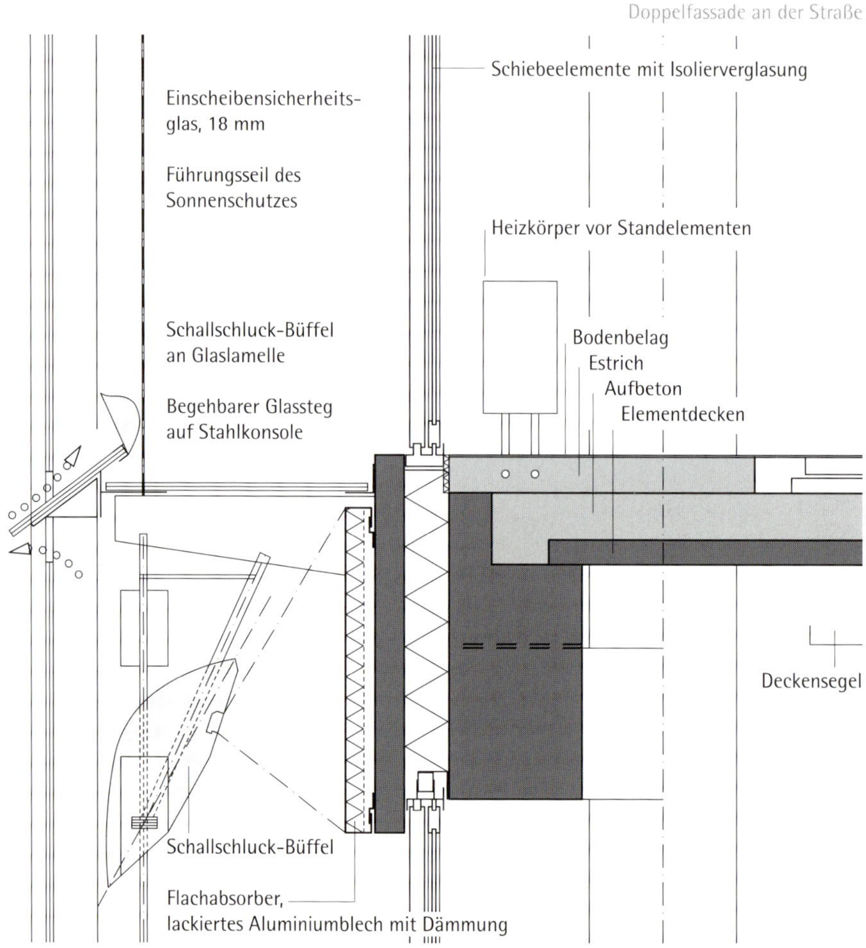

Eine glückliche Konstellation aus drei Partnern führte zur Realisierung dieses mehrfach mit Architekturpreisen ausgezeichneten Bauwerks.

Der Bauherr, selbst Architekt, hatte in den vergangenen 10 Jahren reichlich Erfahrungen im Umgang mit Fertigteilen bei der Errichtung kleiner und großer Gewerbebauten gesammelt. Bereits im Wettbewerbsprojekt, das die Architekten für sich entschieden, war die tragende Idee ablesbar, viel mit sichtbarem Beton im Inneren, als Speichermasse, und im Äußeren, als Schallschutzpotential zu gestalten.

Seinem guten Ruf verpflichtet musste der Generalunternehmer und Fertigteilhersteller insbesondere der Forderung gerecht werden, hohe Sichtbetonqualität im Inneren wie im Äußeren zu erreichen. Die übliche kosmetische Nachbehandlung der Fertigteile schied von vornherein aus und die Qualitätskontrolle konzentrierte sich schwerpunktmäßig auf die Schalungen für

- die straßen- und hofseitigen Randunterzüge mit Längen von 8,10 m,
- die straßenseitigen Wandtafeln mit bis zu 20 m² Fläche und
- die hofseitigen, einhüftigen Fassadenrahmen mit dahinter liegenden Fluchtbalkonen in Längen von 8,10 m.

Bei den Randunterzügen sind die Raumseiten und Untersichten von Bedeutung.

Das vorgegebene Fugenraster der Wandtafeln trug zwar den maximalen Transportabmessungen Rechnung, erlaubte aber nur Einzelfertigungen. Zu diesem Zweck wurde ein Schalungssystem entwickelt, das mit wenigen Handgriffen eine Umschalung von einem zum anderen Element gestattete. Die Gebäudeecke musste spitzwinklig und scharfkantig zulaufen.

Die Fugenversätze in den vielen unterschiedlichen Elementen lassen diese Fassade von weitem flächiger erscheinen und verhindern von nahem die sonst üblichen stereotypen Wiederholungen.

Auf der Hofseite zeichnen die einhüftigen, in Serie fabrizierten Rahmen die Struktur der kammartig gereihten, dreieckigen Baukörper nach. Die horizontalen Schenkel der Rahmen dienen den winkelförmigen Fluchtbalkonelementen als äußeres Auflager.

Balkonfassade zum Hof

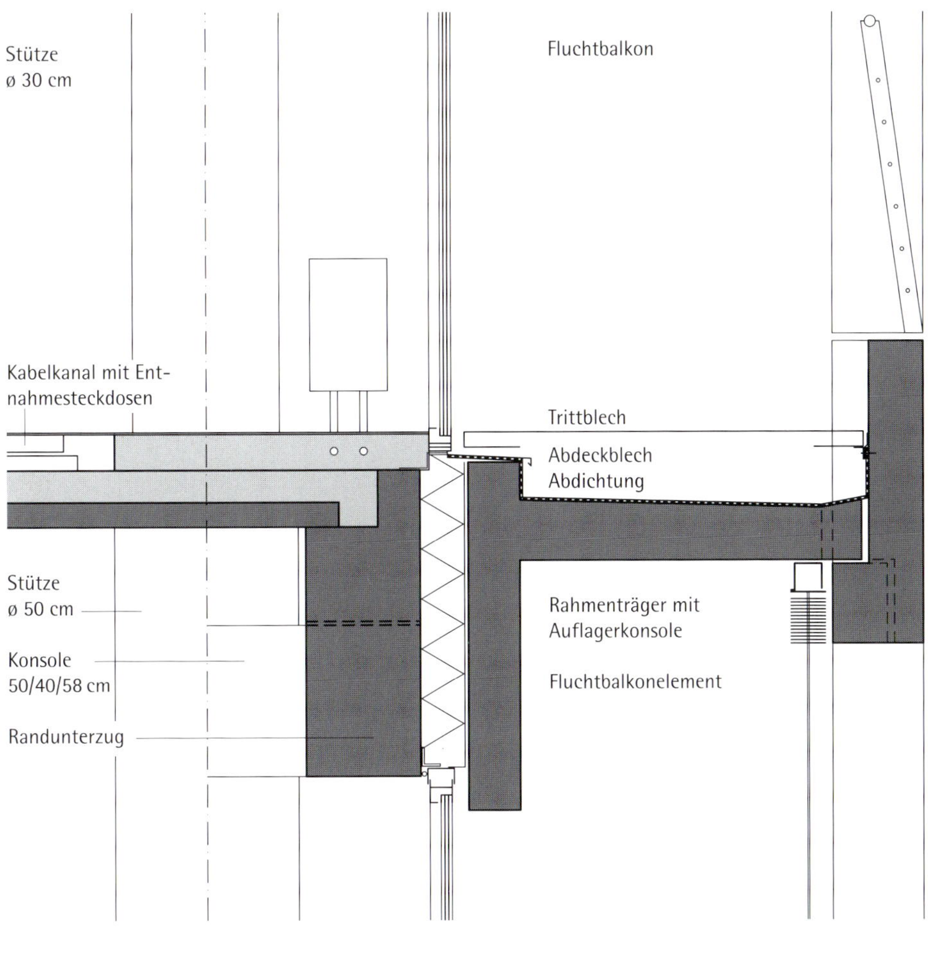

Nach 64 unterschiedlichen Betonmischungen stand die Rezeptur mit Zuschlagstoffen wie grünem Granit, Lavasand und schwarzer Hochofenschlacke fest. Durch Feinwaschen erhielten die Betonfertigteile die leicht raue Struktur. Je nach Licht- und Witterungsverhältnissen erscheinen sie dunkelgrün oder schwarz, jedes Element wiederum in eigenen Nuancen.

Die eingefärbten Betonfertigteile haben zur unverwechselbaren Erscheinung des Gebäudes in einem von Ziegeln geprägten Umfeld beigetragen und nach Aussage der Architekten die Baukosten von 2200 DM pro Quadratmeter günstig beeinflusst.

Einhüftige Rahmen vor den Fluchtbalkonen, innen

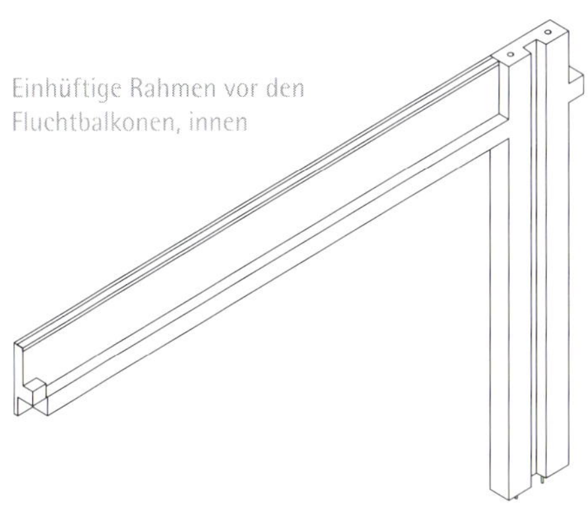

WDR-Arkaden in Köln, D, 1996

Bauherr: Züblin Grundstücksverwaltung GmbH & Co, München, Fondprojekt Köln
Architekten: Prof. Gottfried Böhm, Köln
Ingenieure: ED. Züblin AG, HV Stuttgart

Aufgrund der komplizierten Geometrie des Gebäudes, wie die gestaffelte Auskragung der Geschosse und die vielen unterschiedlichen Radien sowie der besonderen gestalterischen Vorgaben des Architekten im Detail, ergab sich eine sehr große Zahl unterschiedlicher Fassadenelemente. Von den 500 Betonfertigteilen sind 250 eigener Prägung, d.h. der durchschnittliche Wiederholungsfaktor ist 2,0. Das skelettartige Tragwerk aus Stützen und Decken bildet sich nach außen durch glatte, lasierte Sichtbetonflächen ab, deren Kanten nur 5 mm gefast sind. Thermisch getrennt von den tragenden Bauteilen durch eine 4 cm dicke Wärmedämmung erscheinen sie horizontal und vertikal in gleicher Breite von 40 cm und gleicher Dicke von 8 cm.
Auf den 12 m hohen, vorgefertigten Arkadenstützen sitzen die geschosshohen, nach außen versetzten Sandwichstützen. Eckstützen erhielten Verkleidungen aus Fertigteilvorsatzschalen, die nachträglich mit Fassadenankern montiert wurden.
Die 1200 laufenden Meter Deckenblenden, unterteilt in Tafeln von maximal 8 m Länge, wurden als verlorene Schalung mit dem Rand der örtlich betonierten Flachdecken monolithisch verbunden.
Dadurch ließen sich auch hier, wie bei den vorgefertigten Sandwichstützen, die Stoßfugen auf 15 mm reduzieren. Die in regelmäßigen Abständen gesetzten Gerüstankerhülsen blieben bewusst sichtbar und nutzbar.
Im Bereich der auskragenden Deckenuntersichten kam wegen der schwierigen nachträglichen Befestigungsmöglichkeiten von Fertigteilen letztlich nur ein örtlich realisierter Sandwichaufbau mit gleichen Materialdicken in Frage. Mit Ausnahme dieser bauseitigen Vorfertigung konnten alle peripheren Bauteile, wie

- Arkadenstützen,
- Sandwichstützen,
- Verblendungen der Eckstützen und
- Deckenblenden

werksmäßig hergestellt werden.

Sie materialisieren das Bauwerksraster und stellen eine diskrete Rahmung der flächenbündigen, glassteinartig gestalteten Ausfachungen der Leichtbaufassade dar.

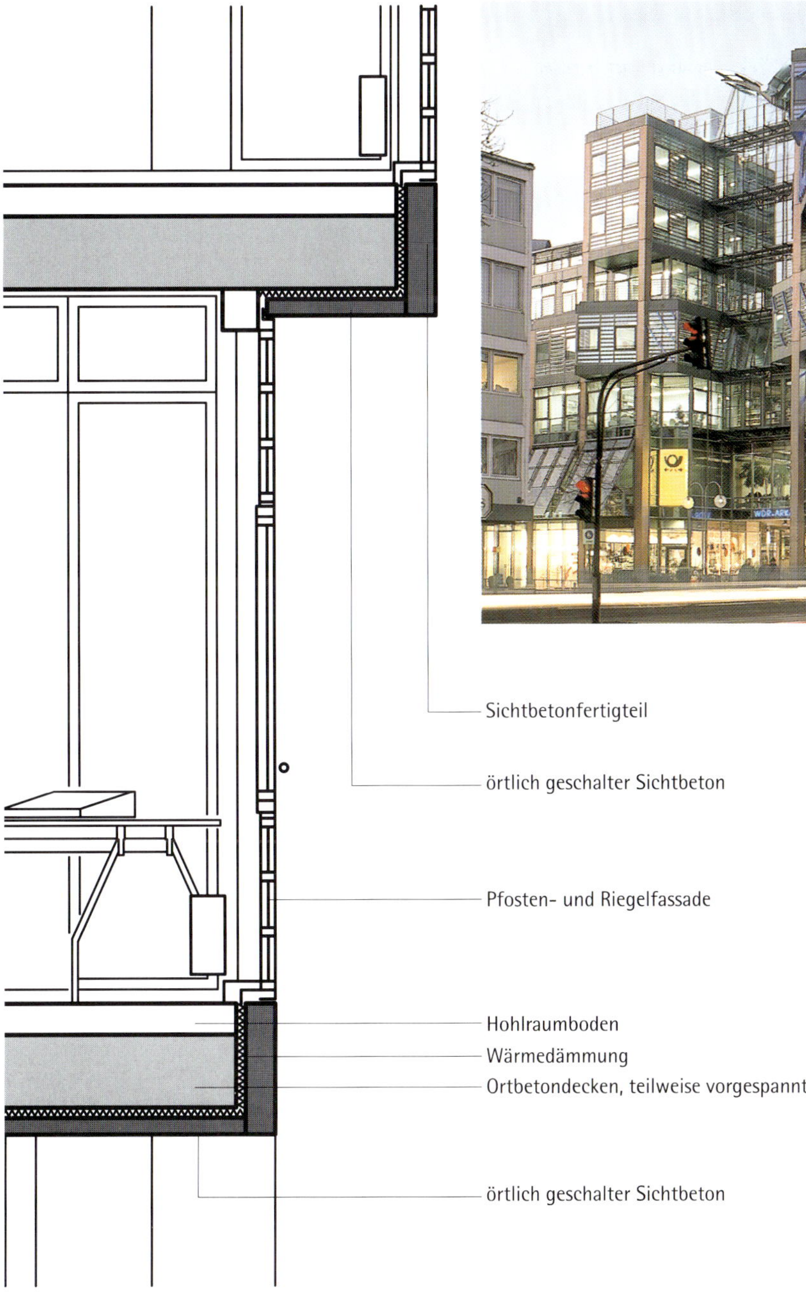

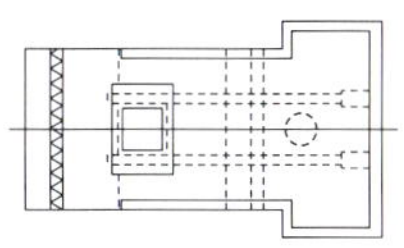

Komplexität der vorgefertigten Kragstützen

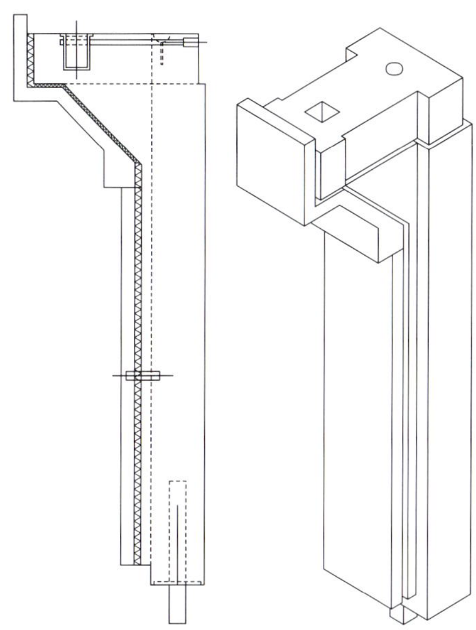

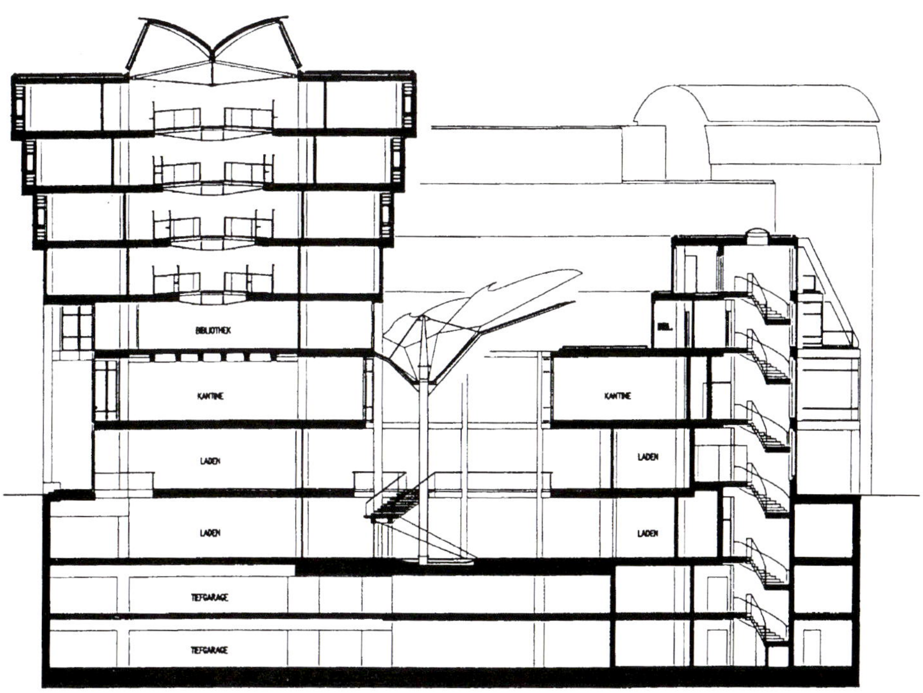

Architekturhochschule in Nancy, F, 1995

Bauherr:	Ministère de la Culture, Direction de l'Architecture et de l'Urbanisme, Paris
Architekten:	Livio Vacchini, CH S.A.R.L. François & Henrion, Nancy
Ingenieure:	Pertuy und cabinet Aury, Nancy

Eine Hochschule für zukünftige Architekten zu planen und zu bauen verlangt nach einem eindeutigen Bekenntnis zur Architektur, weshalb die Jury dem Auslober eines Wettbewerbs dieses erstplatzierte Projekt zur Ausführung empfahl.
Das öffentliche Gebäude stellt sich als Abbild eines die Umwelt entscheidend prägenden Berufstandes dar und dient den Studierenden als erfahrbarer Demonstrativbau mit pädagogischem Auftrag.
Nach dem Modulor proportioniert besteht das gesamte Gebäude aus Fertigteilen gleicher Betonqualität, die innen als massiges Skelett die Volumen strukturieren und außen mit den scheinbar ausgeklappten Rippen und kassettierten Wandbauelementen rigorose Gestaltelemente darstellen.
Im Gegensatz zur Südseite verlängert sich die nördliche Reihe der Rippen in den Freiraum hinein und dient als Filter zwischen der Straße und dem gebäudeeigenen Vorplatz. Bereits diese Maßnahme weist auf den sehr introvertierten Charakter des Gebäudes hin.

Die Fertigteile wurden mittels einer automatisierten Betonstation direkt auf der Baustelle hergestellt, nicht zuletzt, um den Studenten Einblicke in die Fertigung, die Montage und den Ausbau zu geben.
Die Betonrezeptur setzt sich aus örtlichen Zuschlägen, weißem Zement, einem geringen Rotsandanteil und einem Beschleuniger zusammen.
Daraus resultiert die leichte, dem Travertin ähnelnde Einfärbung der stahlglatten, jedoch lebendigen Oberfläche.
Um das Ausschalen zu erleichtern und eine gleich bleibende Erscheinung zu erreichen, wurden die Stahlschalungen mit Flüssigwachs besprüht.
Die Lagerung erfolgte in beheizten Unterständen bei konstanter Temperatur.
Für die Logistik stand ein Turmdrehkran mit einer Hakenlast am Auslagerende von 15 t zur Verfügung.
Der Bau, inklusive Tiefgarage, konnte nach 14 Monaten schlüsselfertig übergeben werden.

Den fortwährend beteiligten Architekturstudenten wurde dabei vorgeführt, wie ihre Hochschule dank einer intensiven Vor- und Detailplanung zu einem Manifest kompromissloser Architektur wurde.

Begegnung der kassettenartigen Wandtafeln mit den Rippen an der Eingangsfassade

Im Atrium der Bibliothek bildet ein Kunstwerk von Felice Varini das Zentrum.

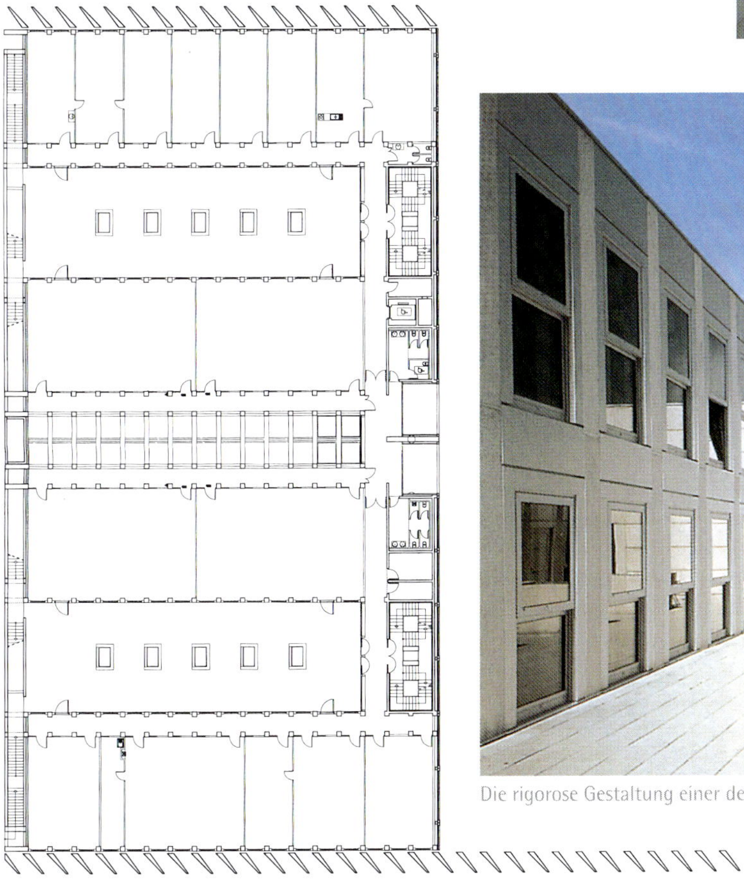

Die rigorose Gestaltung einer der beiden Innenhöfe

3.1.3 Gitter- und Bandfassaden

ARD-Hauptstadtstudios, Berlin, D, 1999

Bauherr: Bauherrengemeinschaft ARD Hauptstadtstudios
Architekten: Ortner + Ortner, Wien
Ingenieure: Arup GmbH, Berlin

Spreeansicht

Im Gegensatz zur gewohnt vorherrschenden Deckung von Trag- und Fassadenstützen sind in diesem Gebäude die Scheinstützen dergestalt versetzt, dass sie im Erdgeschoss, in den drei Mittelgeschossen und in den beiden Obergeschossen jeweils einen eigenständigen Rhythmus aufweisen.

Die Stoß- und Scheinfugen der Deckenbänder liegen dagegen fluchtend übereinander. Um die Krümmung entlang der Spree zu erhalten, sind die 7,2 m langen Deckenbänder im Bereich der 2,4 m voneinander entfernten Scheinfugen konkav geknickt. Durch die trogförmige Ausbildung der beiden Fertigteiltypen, Scheinstütze und Deckenband, ergeben sich 12 cm dicke Wandungen und eine Laibungstiefe von 36 cm.

Außen fluchten die Fertigteile mit den Stahlrahmen der ESG-Verglasung, innen dienen sie als Anschlag für die geschosshohen Holzfensterrahmen. Die Scheinstützen sind durch Zuganker von der Rand-

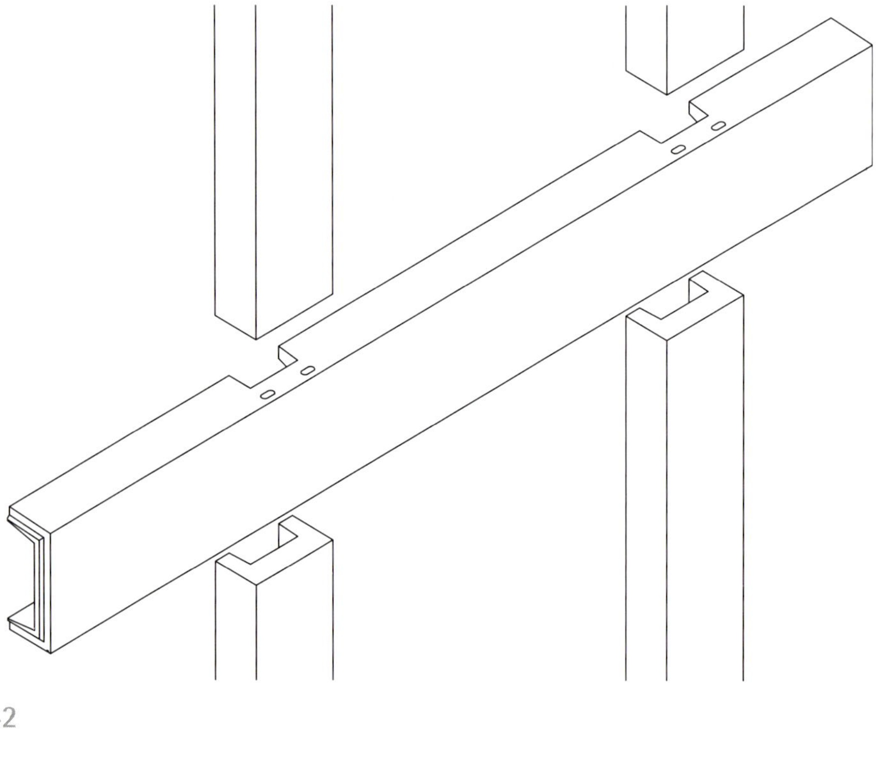

Versetzte Vertikalfugen unterstreichen die Flächigkeit der Fassade.

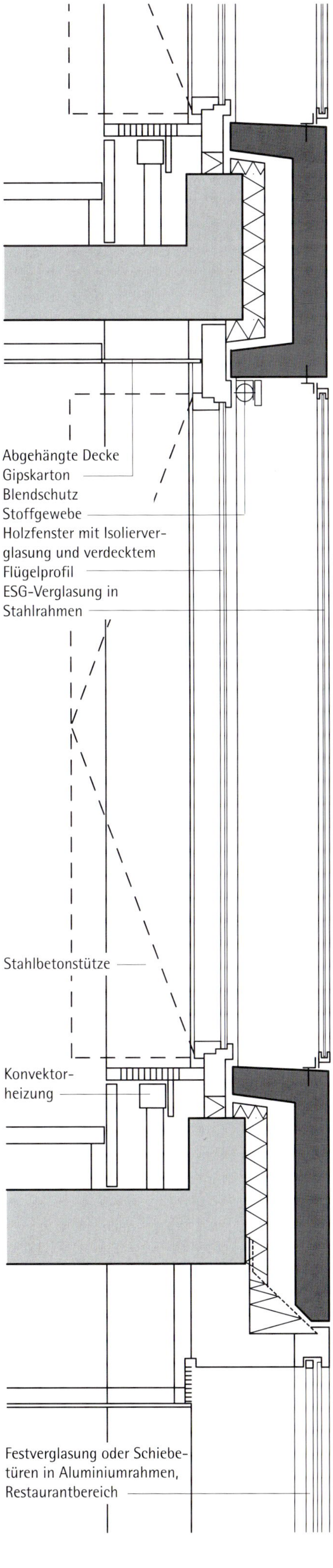

aufkantung der Ortbetondecke abgehängt und tragen die beidseitig asymmetrisch auskragenden Deckenbänder.
Für den bündigen Anschluss zwischen den horizontalen und vertikalen Elementen sorgen je zwei Verstiftungen an der Ober- und Unterseite der Scheinstützen. Speziell gefertigte Druckstreben am Stützenkopf und an den oberseitigen Schenkeln der Deckenbänder verhindern das Kippen. Sämtliche Anker mussten auf den Deckenrand, den einzigen Traggrund, konzentriert werden.
Die 2 cm breiten Fugen bleiben offen, wobei die Stoßfugen der Deckenbänder zum besseren Schlagregenschutz mit Stufenversatz ausgeführt sind.
Der in der Masse eingefärbte Beton wurde an der Oberfläche abgesäuert und erhielt die feinraue Textur. Die Betonrezeptur für die rötliche Einfärbung setzt sich wie folgt zusammen:
Granulat "Rouge de Vichy", Trierer Sand, weißer Sand, weißer Zement, Farbpigmente und Verflüssiger.

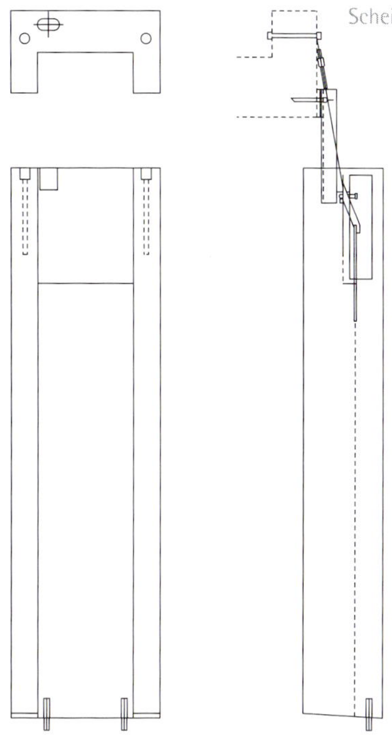

Scheinstütze

Orthogonales Fugenraster auf der Giebelseite

Wohnblock „Quai de la Gare", Paris, F, 1994

Bauherr: UGIPRAL, Groupe UAP, SECL
Architekten: Jaques Ripault, Paris
Ingenieure: ARCOBA, Paris

Die U-förmige Blockrandbebauung erscheint dem Betrachter wie ein ausgehöhlter Körper, der durch die linearen Konturen und Flächenfragmente definiert ist. Dafür waren mehr als 1000 Betonfertigteile in 50 verschiedenen Formen erforderlich. Innerhalb von sechs Monaten wurden die Wandtafeln, Brüstungen, Sonnenschutzlamellen, Loggiaplatten, Deckennasen, Fensterbänke und Sturzbekleidungen hergestellt. Zum Teil weisen die Elemente bis zu drei Ansichtsseiten auf. Die Betonmischung basiert auf weißem Zement und wurde mit einem Granulat aus Carrara-Marmor angereichert. In drei Schleifvorgängen mit immer feinerem Korn und mit jeweils vier- bis fünffacher Wiederholung konnte die hohe Oberflächengüte erreicht werden. Wir finden sie auch bei fast allen Untersichten. Die kleineren Elemente sind angeschraubt, während die größeren mit dem Ortbeton des Rohbaus vergossen sind. Enge Toleranzen bestimmten die Vorfertigung und Montage. Bei den Abmessungen waren 1 mm/m Abweichung erlaubt, jedoch nicht mehr als 5 mm je Element. Der Versatz in den 15 mm breiten Fugen durfte nur 1 mm in der Senkrechten und Waagerechten betragen, in der Tiefe höchstens 5 mm. In den öffentlich zugänglichen Bereichen wurden die Elemente mit einem farbneutralen Anti-Graffiti-Oberflächenschutz versehen. Nur durch den Einsatz von Betonfertigteilen konnte diese filigrane Fassadengestaltung realisiert werden.

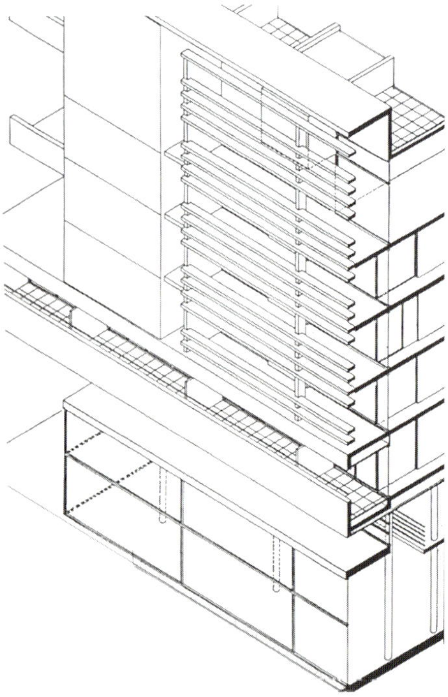

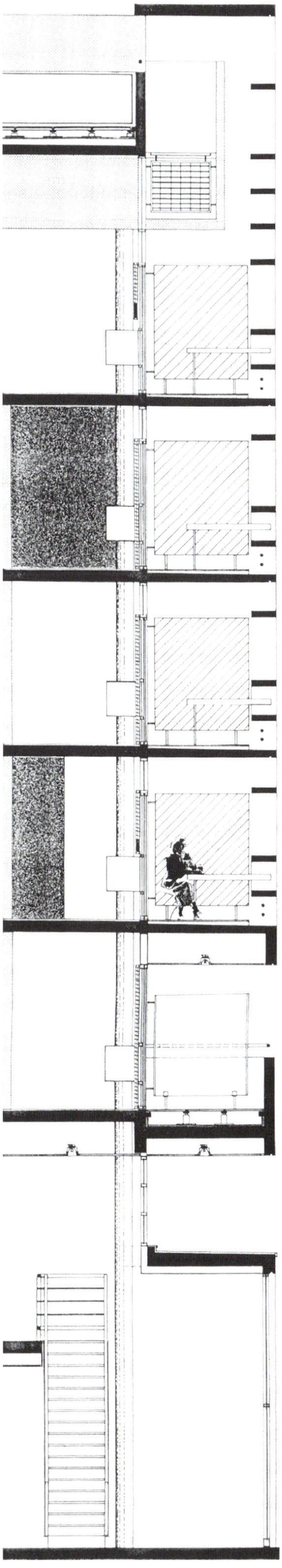

Horizontale Gliederung durch die Brüstungs- und Sonnenschutzlamellen

Loggiadetail

Über den Geschosswohnungen reihen sich Duplexappartements.

Erweiterung eines Bürogebäudes in Lingenfeld, D, 1997

Bauherr:	Fa. Lösch GmbH Betonwerke, Lingenfeld
Architekten:	Käppel + Klieber mit Erhardt, Stuttgart
Ingenieure:	Fa. Lösch GmbH Betonwerke, Lingenfeld

Wie kann ein Betonwerk sich besser nach außen darstellen als mit einer zeitgemäßen Architektur, die in sich viele Produkte aus der eigenen Herstellung sichtbar vereint?

Nach diesem Grundsatz entwarfen, konstruierten und bauten die Architekten mit dem Bauherrn die firmeneigene Erweiterung des Bestandes aus den 60er Jahren.

Rechtwinklig an den Altbau anschließend konstituiert sich ein winkelförmiges Ensemble, in dessen Schwerpunkt der als eigener Baukörper ausgebildete Präsentationssaal über der Wasserfläche schwebt.

Der ursprüngliche Entwurf musste auf die konstruktiven Bedingungen eines Fertigteilbaus abgeändert werden, um die unterschiedlichen Systembauteile wie Plattendecken, Brüstungstafeln und Doppelwände zu integrieren.

Auf der Suche nach dem größtmöglichen Kontrast zum Beton entstand die Bandfassade mit den filigranen Sprossen in ihren Fensterbändern, die letztlich den Vorzug gegenüber der Lochfassade in den Hohlwänden erhielt.

Diese sind raumhoch, aber jetzt großflächig durchbrochen, als Stütze und Brüstung von innen sichtbar.

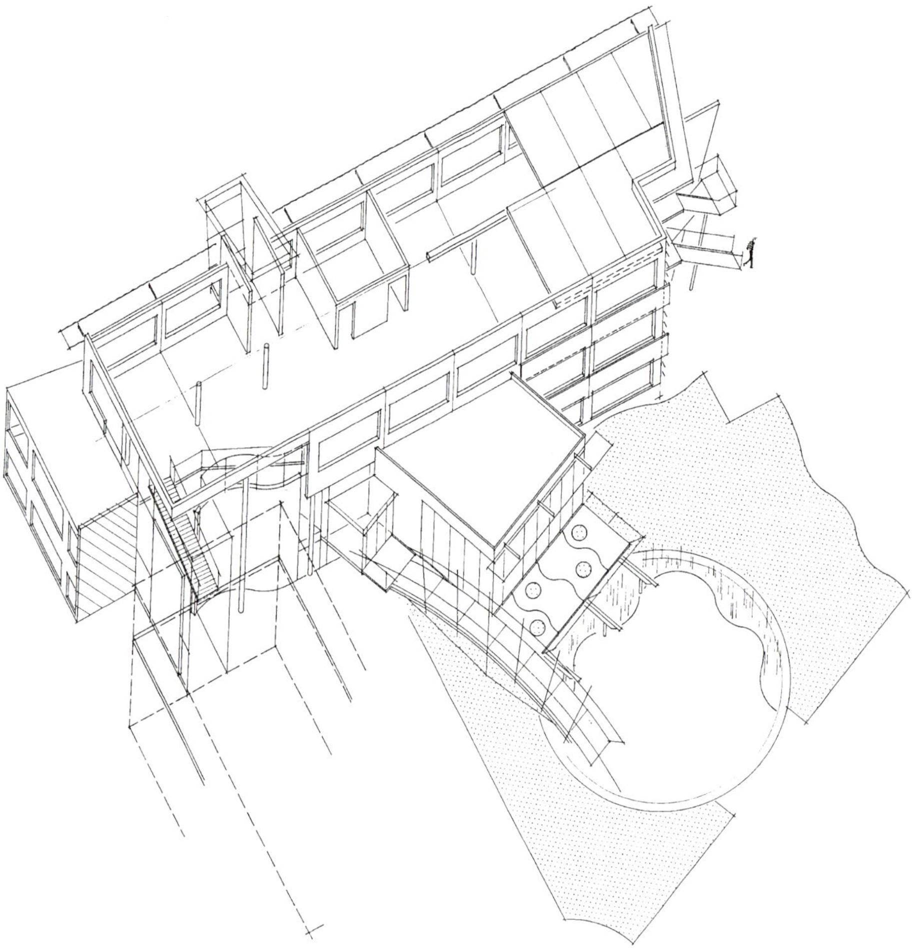

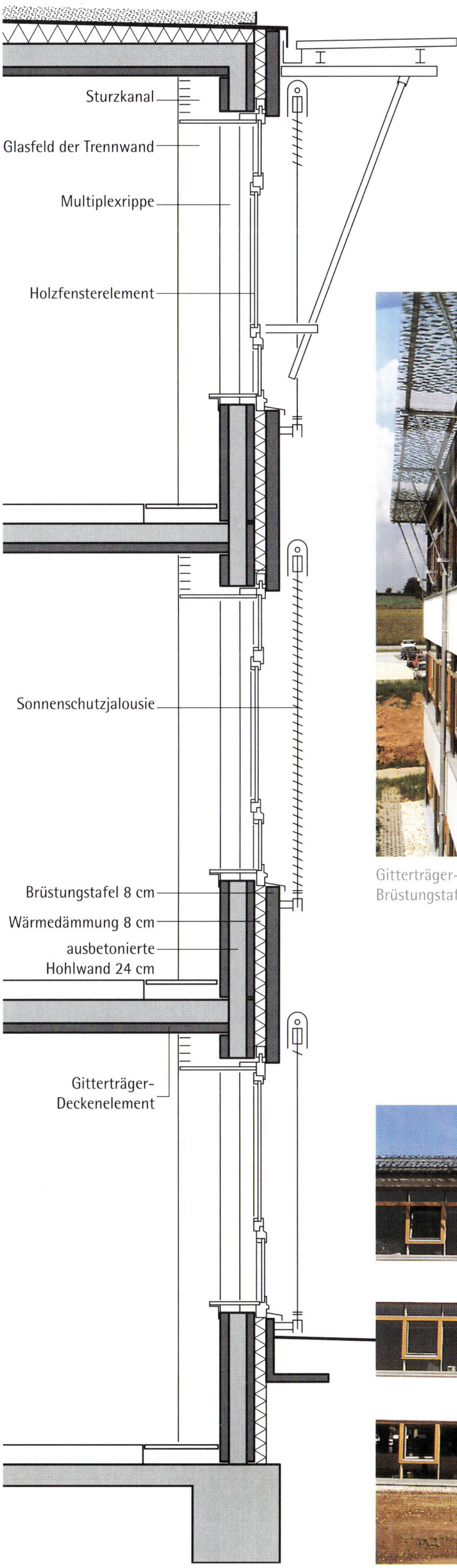

Gitterträger-Deckenelemente alternieren mit glatten Brüstungstafeln.

Im Sturzbereich dienen sie als Randunterzug für die Plattendecken. Nach außen verkleiden 8 cm dicke Fassadentafeln die Brüstungsbänder und Außenwände. Teilweise treten Gitterträger-Deckenelemente an ihre Stelle, die allerdings nicht die hochwertige Oberfläche nach außen zeigen, sondern den strigilierten, rauen Beton mit den Gitterträgern. Sie bilden einen starken Kontrast zu den glatten Fassadentafeln, erzeugen je nach Sonnenstand wechselnde Schattenspiele und funktionieren als Rankgerüste für die Fassadenbegrünung.

Diese Zweckentfremdung soll bewusst irritieren und ist als Anregung zum gestalterischen Umgang mit Bauteilen aus dem Katalog zu verstehen, denen eigentlich eine andere Funktion zukommt.

Statt Logos und firmenbezeichnende Farben drückt jetzt die „meccanoartige" Architektur die unternehmerischen Belange des Bauherrn aus.

3.1.4 Verblendschichten

Fassadentafeln und Vorsatzschichten von Sandwichtafeln können mit anderen Materialien verblendet werden:

Keramikplatten sollten aufgrund der klimatisch bedingten Verwölbungen möglichst kleinformatig sein. Sie haften sehr gut am Beton, wenn die Verbundseite entsprechend rau oder profiliert ist.

Die Verblendschicht aus Terrakotta-Platten wurde an das Fertigteil aus glasfaserbewehrtem Beton gehängt, in dem kleine Hakenkonsolen eingegossen sind.
Der ungedämmte Zwischenraum wird über die offenen Fugen hinterlüftet. Die Bestückung erfolgte bauseits.
Diese erstmals von Renzo Piano erprobte „leichte" Kombination von einem traditionellen und einem neuen Werkstoff ist zukunftsweisend.

Die Verblendschicht wird beim Betonieren eingebunden. Ihre Sichtfläche ist dem Schalboden zugewandt.

Dem Planenden bleibt es vorbehalten, einem „scheinbaren" Mauerwerksverband oder einem "ehrlichen" Raster den Vorzug zu geben.

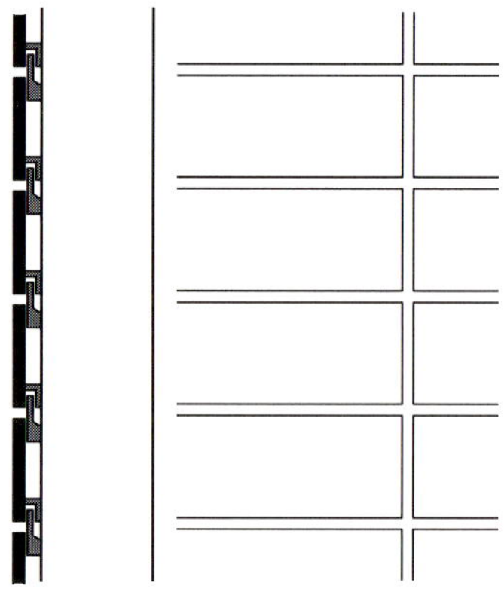

Natursteinplatten können großformatiger gewählt werden. Sie werden punktweise mit Ankerdornen eingebunden, die unter 45° zur Fassadenebene abgewinkelt sind und nadelartig in die Kunststoffhülsen der Natursteinplatten greifen.
Da die für Fassadenbekleidungen gewählten Steinarten aufgrund der Dichte keinen Verbund mit dem Beton eingehen und wesentlich größeren Längenänderungen unterliegen, haben sich diese Gleitlager bewährt.
Die Fugen müssen dauerelastisch gedichtet werden.

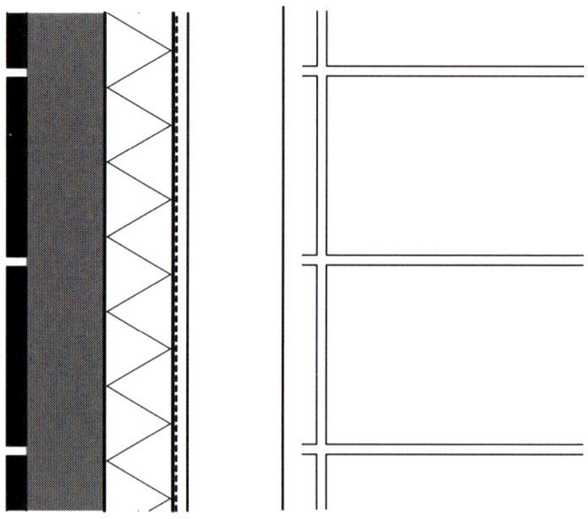

Riemchen entstehen durch das Halbieren von Vormauerziegeln mit der Trennscheibe. Die offenporige, saugfähige Schnittfläche verbindet sich zuverlässig mit dem Beton, während die dichte, stärker gesinterte Oberfläche der Riemchen witterungsbeständiger ist und zur farblich nuancierten Erscheinung beiträgt.
Dem gewünschten Verband entsprechend in Matrizen oder zwischen nachhärtende Fugenbänder gelegt, verschieben sie sich nicht während des Betoniervorgangs.
Die Verfugung kann auch nachträglich im Werk oder auf der Baustelle erfolgen.

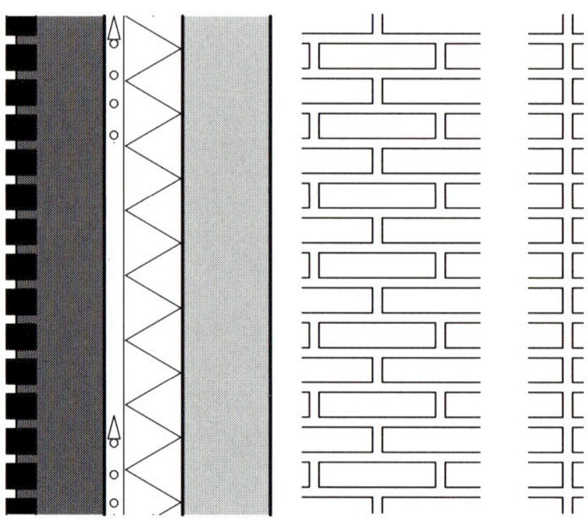

Bruchsteine, aus Felsgestein gebrochen, müssen sorgfältig nach Höhe und Form sortiert werden. Sie werden in einem Feinsandbett auf dem Schalboden ausgelegt, mit einem Fugenverguß auf Abstand gehalten und erst dann vollflächig vergossen.
Bedingt durch die Dicke der Verblendschicht von 7-10 cm und der >15 cm dicken Betonüberdeckung ergeben sich hohe Flächengewichte, die nur die Fertigung kleiner Wandtafeln zulassen.

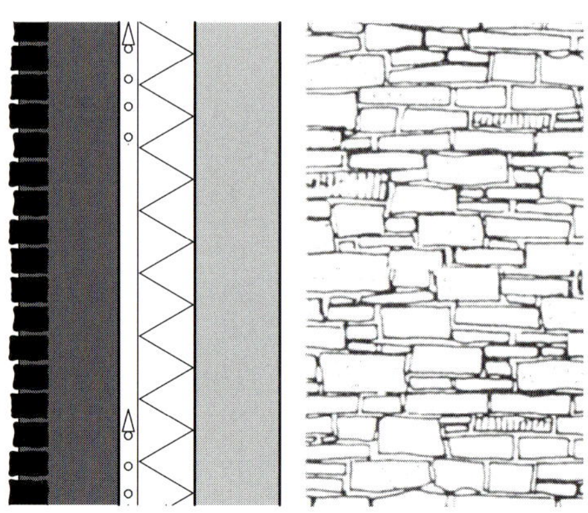

Feriendorf „Balcon des Pyrénées", Saint Mamet, F, 1996

Bauherr:	Caisse Nationale de Prévoyance des Ouvriers du Bâtiment, Paris
Architekten:	André Naude, Tarbes
Ingenieure:	Ginesta B.E.T

Das neue Feriendorf sollte sich an die in dieser Gebirgsregion traditionelle Bauweise mit Natursteinwänden anlehnen, in der Gneis und Schiefer als Baumaterial vorherrschen.
Wie so oft, machte die Not – der enge Zeitplan – erfinderisch.
Statt der üblichen, von Hand gemauerten 3 m^2 Bruchsteinmauerwerk pro Mann und Tag, musste die Arbeitsleistung vervierfacht werden.
Architekt, Generalunternehmer und der Betonfertigteilhersteller entwickelten zu diesem Zweck Wandtafeln mit einer Vorsatzschicht aus einer Mischung der bekannten Gesteinsarten.
Die von Hand geschlagenen, 7-8 cm breiten Steine wurden dem Bruchsteinverband ähnlich auf Fuge in ein Trockensandbett auf dem Schalboden gelegt und ausbetoniert. Dadurch entstand der gleichmäßig vertieft liegende Fugenspiegel der ungefähr 1 cm breiten Fugen.
Inklusive armierter Tragschale ergab sich eine Elementdicke von 15 cm.
Die maximal 3,6 m^2 großen Wandtafeln wiegen bis zu 1,8 Tonnen.
Der Abbindebeschleuniger im Beton ließ das Ausschalen und den Transport zur Baustelle nach 24 Stunden zu.
Sonderelemente in U- und L-Form für Vorsprünge und Ecken ergänzten die zahlreichen in Höhe und Breite variierenden flächigen Bauteile. Die Elementstöße wurden durch Verzahnungen in traditioneller Handwerksarbeit vor Ort dergestalt verdeckt, dass Fachleute bei der Eröffnungsfeier immer noch glaubten, ein gewöhnliches Natursteinmauerwerk vor sich zu haben.

Jede Wandtafel wurde mit Spezialankern, je einem pro m^2, an die tragenden Ortbetonwände angeschlossen. Die erdbebensicheren Anker bestehen aus einer Edelstahlwange mit beidseitigen Dübeln (Ø 12 mm), so dass eine verdeckte Verschraubung durch die Fugen möglich ist.
Mit einer täglichen Montageleistung von 40 bis 50 m^2, die von drei Leuten erbracht wurde, konnte die „Bruchsteinverkleidung", wie vorgesehen, in einem Viertel der Zeit realisiert werden.

Wie ein traditionelles Natursteinmauerwerk ...

Das Scheinmauerwerk zeichnet sich durch einen regelmäßigen Verband und eine präzise Flucht aus.

Schichten
(von außen nach innen)

handgeschlagene Natursteine	7-8 cm
Betonschicht	7-8 cm
Luftschicht	4 cm
Steinwolle	10 cm
Ortbeton/Bimssteine	20 cm
Innenputz	1,5 cm

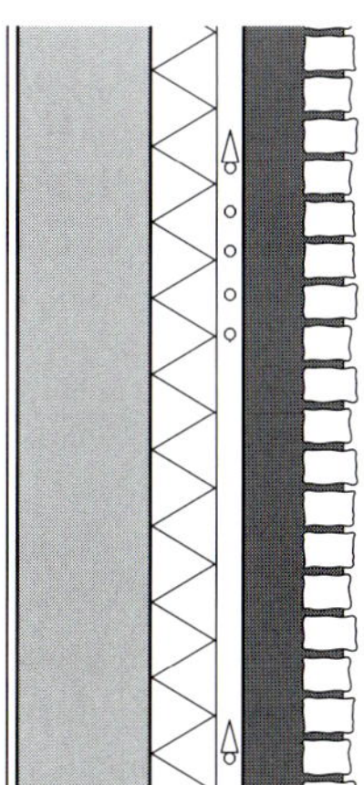

Eckelemente für Wandversprünge, Brüstungen, Stützen und Kamine

Erweiterung und Instandsetzung der Stadtsparkasse Cuxhaven, D, 1997

Bauherr: Stadtsparkasse Cuxhaven
Architekten: Kuhn, Pramann, Steinweg; Braunschweig
Ingenieure: Cuxbeton, Cuxhaven

Den Vorschlag der Architekten, im Zuge der Erweiterung die vorgehängte, instandsetzungsbedürftige Betonfassade des Altbaus durch eine Wellblechbekleidung zu ersetzen, lehnte der Bauherr ab.
Er wünschte in Anlehnung an die Nachbarschaft eine Mauerziegelverblendung.
Bedingt durch die Fensterbänder hätte sich die Baumasse weitgehend in gemauerte Brüstungen mit komplizierten Abfangungen, Anschlüssen und Eckversätzen aufgelöst.
Es lag also nahe, eine massive Vorhangfassade zu entwickeln, die den ursprünglichen Gesetzmäßigkeiten in Konstruktion und Gestalt, den neuen Wärmeschutzanforderungen und dem Materialwunsch des Bauherrn entsprach.
Zum Konsens führte der Verbund von 8,5 cm dickem Beton aus B 35 als tragende Schicht und 3,5 cm dicken geschnittenen Bockhorner Klinkern in Normalformat als Verblendschicht. Entsprechend des Fassadenrasters ergaben sich maximal 3 m^2 große, annähernd quadratische Wandtafeln, die mit Edelstahlwinkeln gerahmt sind und einen vollkommenen Abschluss des orthogonalen Fugenbildes ergeben. Horizontal teilt ein bündig eingelegtes U-Profil aus Edelstahl die Elementfläche, deren Läuferschichten sich auf eine vertikale Binderschicht in der Achse konzentrieren.
Die Riemchen wurden mittels einer Matrize auf dem Schalungsboden fixiert, um Verschiebungen während des Betoniervorgangs zu vermeiden. Gleichzeitig konnte damit die nötige Vertiefung zum Nachverfugen mit dunklem Zement erzielt werden, der sich farblich harmonischer zu den sehr stark gebrannten Klinkern verhält als der eher hellgraue Beton der Tragschale.

Zustand vor der Instandsetzung

Horizontalschnitt der Gebäudeecke

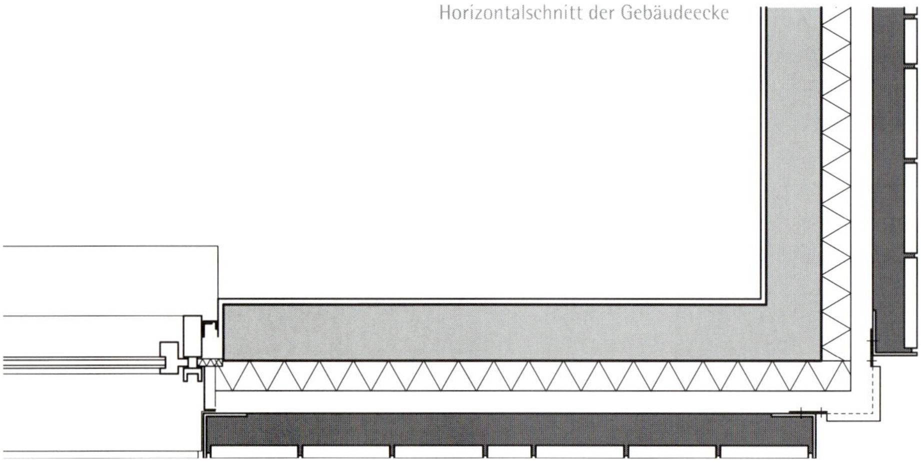

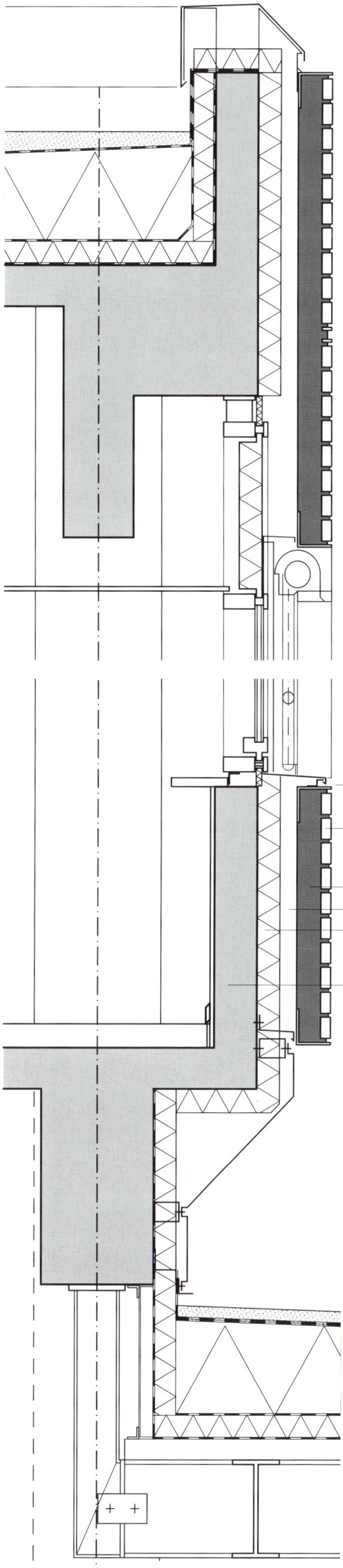

Betonung der kubischen Baukörper durch die Fassade

Die Hängeanker und Abstandhalter sind mit den Ortbetonbauteilen des Bestandes verdübelt. Bedingt durch die relativ kleinen Flächen konnten die Elementfugen auf 1,3 cm reduziert werden.
Sie sind vor einem leicht vertieft eingelegten Komprieband dauerelastisch verfugt.
Bemerkenswert ist die gestalterische Aufrichtigkeit im Umgang mit der Verblendung, deren Fugenbild eindeutig den Sachverhalt des Verbundcharakters wiedergibt und jegliche Vortäuschung des klassischen Mauerwerksverbandes vermeidet.

Sichtbarmachung der „Vorhang"-Fassade an den Gebäudeecken

Museumserweiterung in Omaha, Nebraska, USA, 1995

Bauherr: City of Omaha, State Department of Nebraska
Architekten: Foster and Partners, London
Ingenieure: Hennigson, Durham, Richardson; Omaha

Der Erweiterungsbau liegt parallel zum Kulturzentrum für Bildende Kunst und Musik aus dem Jahr 1931, das als eines der schönsten Beispiele des Art Deco Stils der amerikanischen Architekturgeschichte gilt. In Anlehnung an den Bestand nimmt er die Bauhöhe und die Flucht der östlichen Giebel der Seitenschiffe des Altbaus auf.
Eine Glaspassage schiebt sich als Zäsur zwischen die monumental wirkenden Baumassen. Die Massivität des Erweiterungsbaus ist jedoch nur Schein.
Fassadentafeln mit einer 16 cm dicken Tragschicht aus Beton und einer 32 mm dicken Natursteinschicht aus dem gleichen rosaroten Marmor wie dem des Altbaus verkleiden die Stahlrahmen, an deren Stützen sie befestigt sind.
Im Gegensatz zur Natursteinbekleidung des Bestandes gliedert primär das dunkle Großraster der Elementfugen die Oberflächen, dem sich die dünneren Steinfugen unterordnen. Scheinfugen bilden die Lage der Geschossdecke ab und kündigen den Attika-Abschluss an.
Winkelförmige Fertigteile mit einem Eckgehrungsschnitt der Steinplatte fügen sich wie die flächigen Fassadentafeln dem axialen Bezug des Stahltragwerks.
Aufmerksamkeit verdient die Innendämmung, die den bauphysikalischen Wandaufbau auf 36 cm Dicke reduzieren half.

Diskrete Betonung der Geschossdecke, der Gebäudeecke und des Wandabschlusses ▶

Plastische und materielle Harmonie zwischen Bestand und Erweiterung ▼

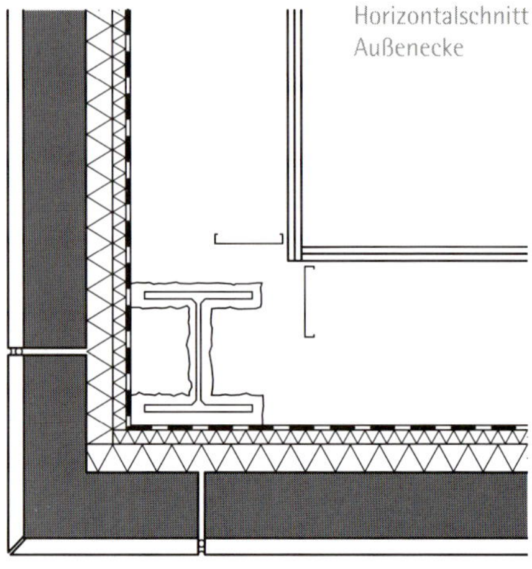

Horizontalschnitt Außenecke

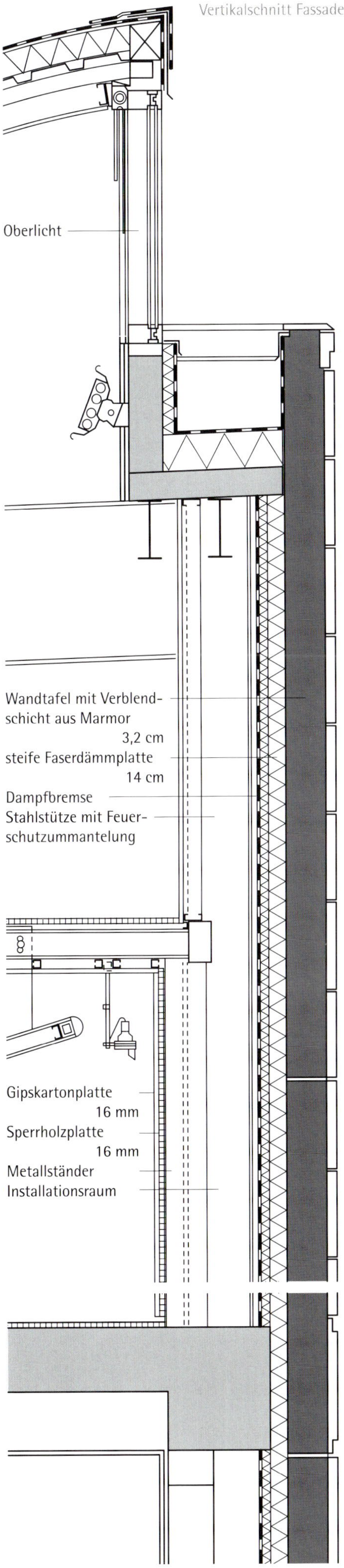

Vertikalschnitt Fassade

Fortsetzung der Wandtafeln in der Glashalle

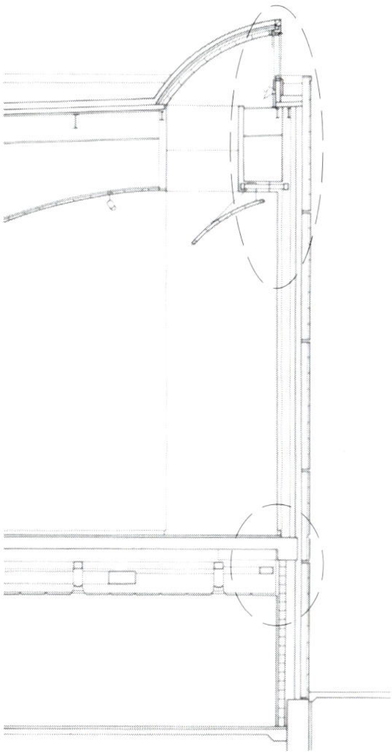

Schnitt 1:200

Die Riegel der Glashalle reagieren auf die Fugen der Wandtafeln.

220 Sozialwohnungen und Läden in Paris, F, 1991

Bauherr:	Les Mutuelles du Mans / R.I.V.P.
Architekten:	Renzo Piano Building Workshop, Paris
Ingenieure:	G.E.C. Ingénierie, Paris

Wie bei allen Projekten, so blieb das Büro Piano auch bei dieser Wohnanlage in der Rue de Meaux seiner bekannten Philosophie treu, für jedes Projekt experimentell eine gestaltbestimmende Konstruktion zu entwickeln.
Die Zielvorgabe hieß, in Anbetracht der zur Verfügung stehenden Bausumme dem rationellen Schottenbau zumindest ein unverwechselbares, feingliedriges Gesicht aus einem Betonmaßwerk mit Ziegelplatten und Glasfüllungen zu geben.
Nur mit Hilfe eines glasfaserbewehrten Betons ließen sich mit dünnen Querschnitten hohe Festigkeiten, Gewichts- und Kosteneinsparungen erreichen.
Ein komplexes Bausystem von Fassadenelementen führte zu zwei hauptsächlichen Bautypen:

- überwiegend geschlossene Schalen zur Aufhängung der hinterlüfteten Ziegelplatten
- vorwiegend transparente Gitter mit Gefachen des Sonnenschutzes und der Loggiabrüstungen

Die präzise Fertigung, vom Formenbau bis zum Ausschalen, musste den zahlreichen Möglichkeiten der Adaption und Integration von Bauteilen Rechnung tragen und die Toleranzen des Ortbetonrohbaus berücksichtigen.
Was ist glasfaserbewehrter Beton?
Glasfasern verleihen dem Beton eine außergewöhnliche Zugfestigkeit. Sie ersetzen teilweise die traditionelle Betonstahlbewehrung. Dadurch können sehr leichte, filigrane Fassadentafeln hergestellt werden. Jedoch müssen die Glasfasern alkaliresistent sein. Die schalenartigen Elemente wurden aus Spritzbeton hergestellt, die gitterartigen aus Rüttelbeton, der in die waffeleisenartigen Schalungen eingefüllt wurde.
Obwohl hier noch manuell durchgeführt, dürfte in Zukunft, insbesondere bei Serien von kleinen Elementen, eine Automatisierung der Fertigung stattfinden.
Die Fabrikation, Lagerung, Montage und der Transport bedingen, nicht zuletzt aufgrund der hohen Wasserverdunstung an der Oberfläche der dünnen Querschnitte, einen besonders sorgfältigen Umgang mit den Elementen.

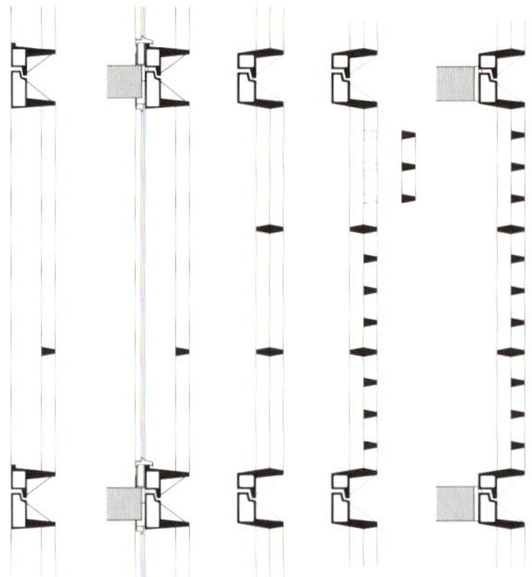

Typologie der gitterartigen Fassadentafeln aus glasfaserbewehrtem Beton

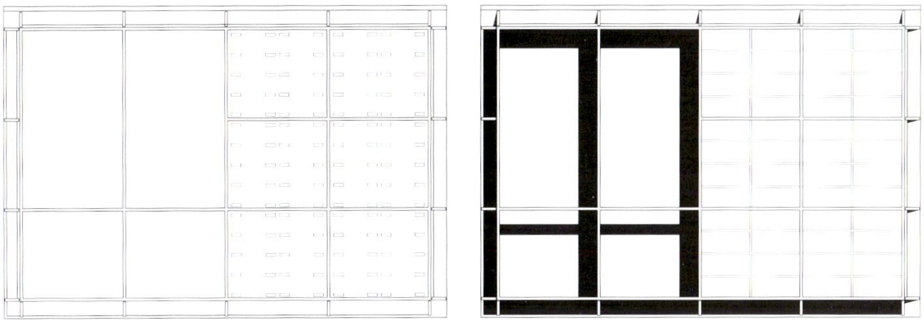

Die Fassadentafeln vor.... und nach der Bekleidung mit Terrakottaplatten

Stahlwinkel dienen zur Befestigung der Fassadentafeln an den Geschossdeckennasen des Rohbaus. Auf dem Gebiet der Verankerung mit dem Tragwerk müssen noch justierbare und verschiebliche Varianten erarbeitet werden, um den Längenausdehnungen besser gerecht zu werden. Neopren-Dichtungsbänder gewährleisten die Wind- und Wasserdichtigkeit. Werkseitig wurden die schalenartigen Elemente mit einer 6 cm dicken Polystyroldämmung versehen und bauseits um weitere 4 cm aufgedickt.
Per Einzelzulassung „Avis technique d´expérimentation" wurde das Bausystem fertigungs- und versicherungstechnisch als unbedenklich begutachtet.
„In der Rue de Meaux spielt das zarte, sehr subtile Grün der Birken mit dem technologischen Grau des glasfaserbewehrten Betons und dem Rot der Terrakotta", schwärmt ein Bewohner dieses beispielhaften sozialen Wohnungsbaus, einer Fusion von Tradition und Fortschritt.

3.2 Mehrschichtige Fassadentafeln (Sandwichtafeln)

Sandwichtafeln sind drei- bis vierschichtige Fassadentafeln. Sie werden im Betonfertigteilwerk in mehreren Arbeitsgängen hergestellt und als Ganzes montiert. Hochtragfähiger Beton gestattet die Ausführung geringerer Wanddicken und höherer Oberflächengüten als im Ortbetonbau.
Es handelt sich um eine integrierte Wandbauweise, die in sich alle nutzungsrelevanten, statischen, bauphysikalischen Funktionen und ästhetischen Aspekte vereint. Die Schichten werden im Folgenden detailliert erläutert.

3.2.1 Die Vorsatzschicht

muss aufgrund der erforderlichen Betonüberdeckung der Bewehrung wenigstens 7 cm dick sein. Mechanische oder chemische Bearbeitungen der Sichtfläche erfordern eine entsprechende Aufdickung.
Infolge der Temperaturschwankungen treten Wechselverformungen in der Vorsatzschicht auf; bei Erwärmung wölbt sie sich nach außen, bei Abkühlung nach innen. Da sie mit zunehmender Dicke und im Falle einer Hinterlüftung anwachsen, sollte die Vorsatzschicht nicht dicker als 10 cm sein.
Die größte Länge der Vorsatzschicht sollte 5 m nicht überschreiten.
Von großflächigen, in der Ebene der Vorsatzschicht angeordneten und daran befestigten, Fenstern und Türen ist abzuraten. In der Regel genügt eine einlagige Bewehrung. Aus konstruktiven Gründen sollten die Tafelränder und die Laibungen der Aussparungen mit zusätzlichen Stäben verstärkt werden.

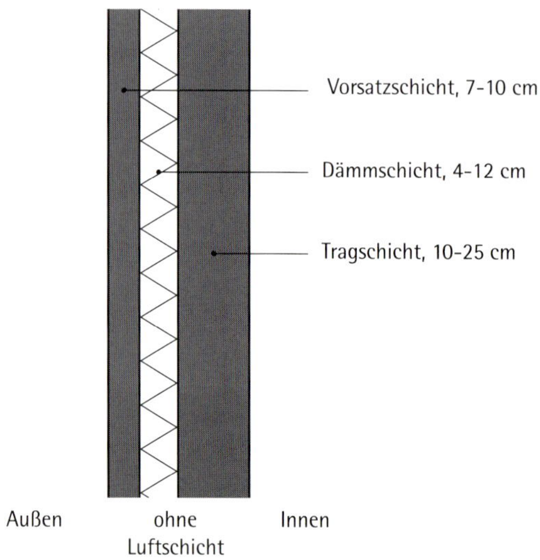

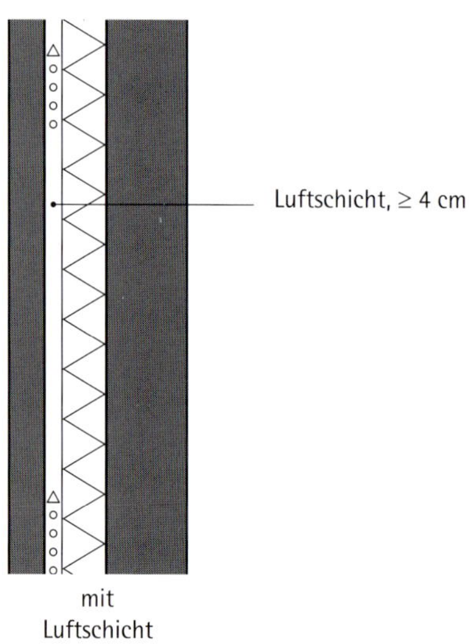

3.2.2 Die Luftschicht

bietet sich als Regulator im Fall einer zu erwartenden, erhöhten Dampfdiffusion an, wenn z.B. die Vorsatzschicht mit dichten Materialien, wie Keramikbelägen dampfdicht versiegelt ist, oder die Gebäudenutzung eine hohe Raumluftfeuchte aufweist. Der belüftete Hohlraum von mindestens 4 cm Dicke liegt zwischen der Vorsatzschicht und der Wärmedämmschicht.
Der Abstand wird mit Hilfe von Noppenfolien, Styroportellern oder Holzbohlen hergestellt. Letztere werden nach dem Betonieren und Härten der Tragschicht wieder herausgezogen. Ebenso kommen Giessandbetten in Frage, die beim Hebevorgang gezielt in Behälter entleert werden.
Durch die Luftschicht erhöht sich die Exzentrität der Vorsatzschicht, was stärker dimensionierte Traganker erfordert.

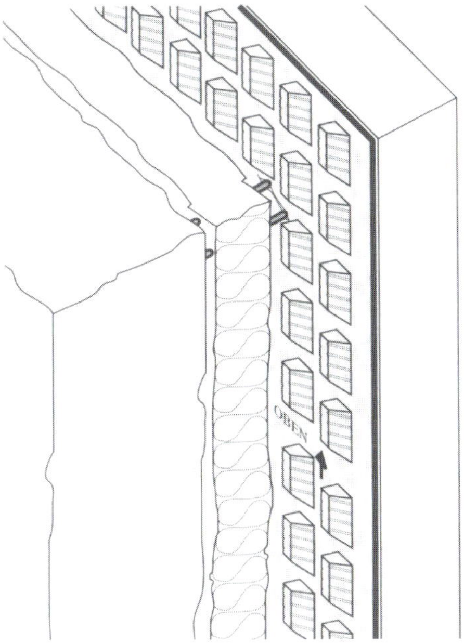

3.2.3 Die Wärmedämmschicht

besteht vorwiegend aus Polystyrol (PS)- oder Polyurethan (PUR)-Hartschaumplatten.
Zur Vermeidung von Wärmebrücken werden sie bei zweilagiger Ausführung versetzt gestoßen oder einlagig mit Stufenfalz verlegt. Bei 3-schichtigen Fassadentafeln ist die Anordnung einer Trennfolie auf der warmen Seite der Wärmedämmung erforderlich. Sie verhindert die Haftung an der Tragplatte, so dass die Wärmedämmschicht die Bewegungen der Vorsatzschicht nicht behindert.
Die Hartschaumplatten sind wasserunempfindlich und lassen sich durch saubere Einschnitte im Bereich der Traganker und einfaches Durchdrücken der Verbundbügel leicht verlegen.
Als Wärmedämmstoff eignen sich auch Mineralfaserplatten. Aufgrund der Anordnung der Wärmedämmschicht auf der Außenseite der Tragschicht ist bei Wohn- und Bürogebäuden keine Dampfsperre erforderlich.
Der eventuell durch die Trag- und Wärmedämmschicht hindurch diffundierende Wasserdampf entweicht mit der zirkulierenden Luft.
Bereits beim Entwurf ist darauf zu achten, dass die Wärmedämmschicht trotz eventueller, tragwerksbedingter Ausklinkungen der Tragschicht im Bereich von Stützen, Schotten und Geschossdecken frei von Unterbrechungen vollflächig durchläuft. Fenster und Türen sind Bestandteile dieser Ebene und verlangen zur Vermeidung von Wärmebrücken vollkommene Anschlüsse an die Wärmedämmschicht.

3.2.4 Die Tragschicht

weist eine höhere Steifigkeit als die Vorsatzschicht auf, die von ihr getragen wird. Vor größeren Temperaturschwankungen und Verformungen schützt sie die außen liegende Wärmedämmschicht und erhöht ihre Wärmespeicherfähigkeit.
Fenster sollen an der Tragschicht befestigt werden. Die Zusatzbewehrung für das Heben, Transportieren und Montieren reicht oft schon aus, um die Tragschicht für lastableitende Funktionen des Bauwerks heranzuziehen.

In diesem Fall sind folgende Konfigurationen möglich:

a) Die Tragschicht dient als Auflager für die Geschossdecken, die von der Mittelwand zur Außenwand spannen. Je nach Bauart der einbindenden Decken werden die Anschlüsse vergossen und/oder mit Stahlverbindungsmitteln realisiert.

a)

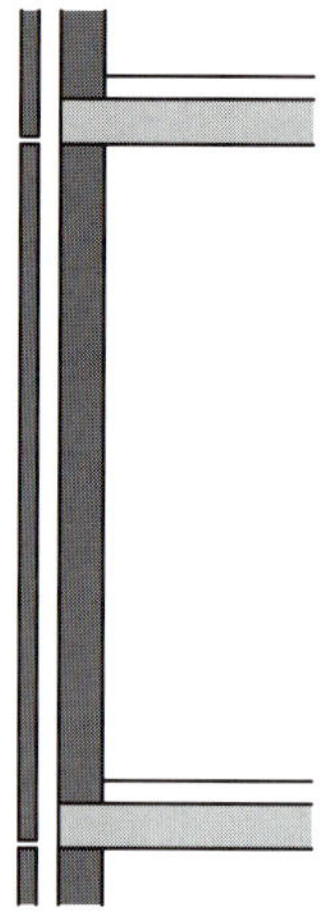

b) Die Tragschicht spannt als Brüstungsplatte und Überzug zwischen den Stützen. Sie wird mittels Dollen auf den Stützenkonsolen zentriert und oberseitig mit Stahlwinkeln gegen Kippen gesichert. Die Geschossdecke ruht auf der Randkonsole, der Brüstungsplatte.

b)

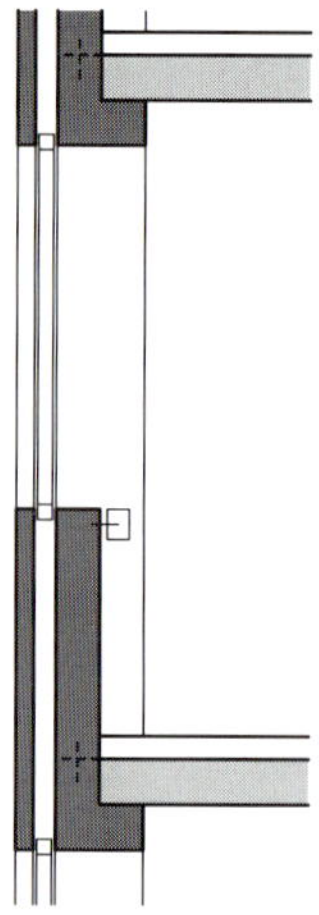

c) Die gebäudehohe Tragschicht nimmt über ihre Mittelkonsole und den oberen Rand die Decken auf. Bedingt durch das Gewicht und die Transportbedingungen sind in der Regel nur zweigeschossige Sandwichtafeln möglich.

c)

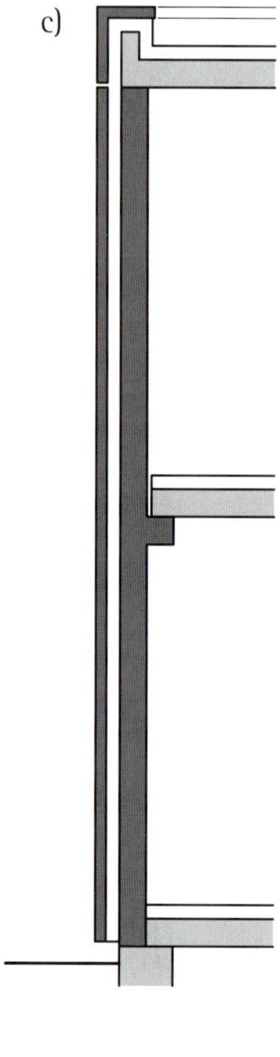

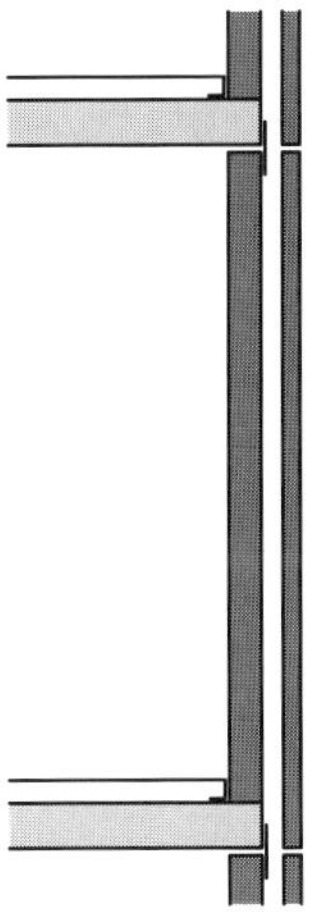

d)

Ohne Einfluss auf die Lastableitung ergeben sich folgende Konfigurationen:

d) Die Tragschicht steht als Ausfachung auf den Geschossdecken, die zwischen den Schotten spannen. Stahlwinkel im Bereich des schwimmenden Estrichs und Flachstahllaschen am oberen Rand bilden den Deckenanschluss.

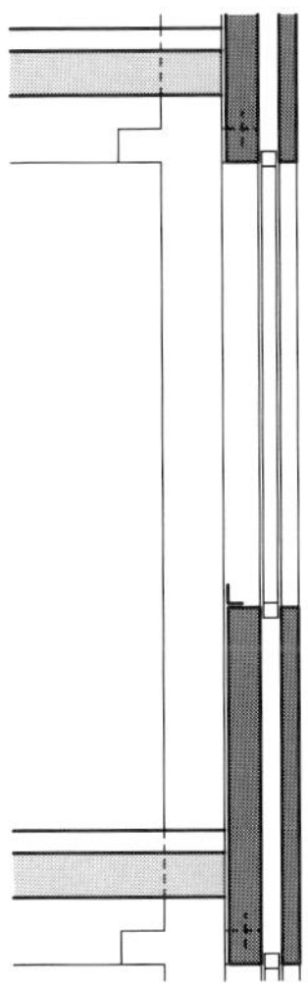

e)

e) Die Tragschicht sitzt als Brüstungsband ohne lastableitende Funktion auf den Konsolen der Stützen. Die Befestigung erfolgt mit Dollen und Stahlwinkeln.

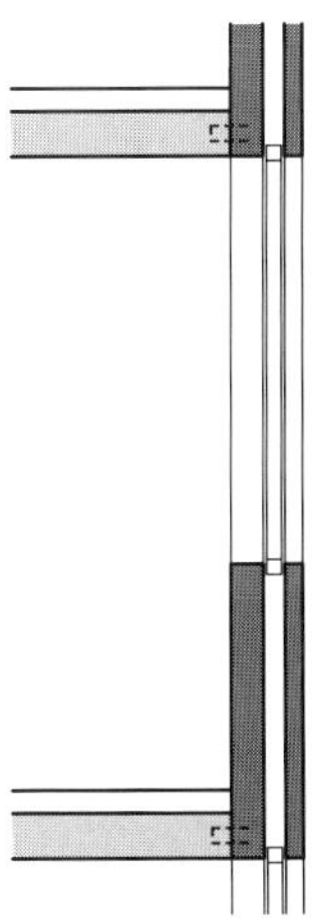

f)

f) Die Tragschicht kragt aus der Geschossdecke. Der Anschluss erfolgt durch den Verguss der hervorstehenden abgewinkelten Bewehrung mit dem Rand der Ortbetondecke oder mit zwei Winkelkonsolen. Bis zum Aushärten des Betons ist eine Haltevorrichtung erforderlich.

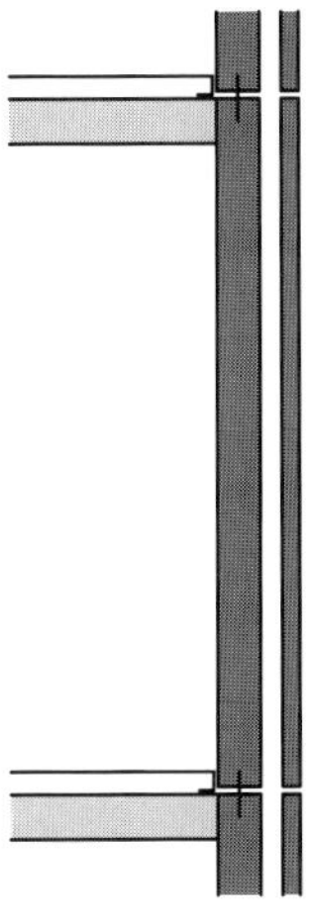

g)

g) Die Tragschicht steht als selbsttragende Scheibe vor den Geschossdecken, die zwischen Schotten spannen oder von einem Skelett getragen werden. Dollen dienen der axialen Justierung. Stahlwinkel gewährleisten die Anbindung an den Rohbau.

3.2.5 Die Fertigung

Sandwichtafeln werden liegend in mehreren Arbeitsgängen schichtweise gefertigt und als Ganzes montiert.
Drei Fertigungsverfahren führen zu den folgenden Konstruktionen und gestalterischen Ergebnissen:

a) Negativverfahren ohne Luftschicht (Regelfall)
Die Sichtbetonfläche ist dem Schalboden zugewandt. Er bestimmt ihre Oberflächengüte und -struktur. Varianten stellen vorab eingelegte Riemchen, Keramikfliesen oder Steinschichten dar, die sich mit der Vorsatzschicht dauerhaft verbinden und die Gebäudeerscheinung in ihren materialspezifischen Eigenschaften prägen. Die hand- oder maschinengeglättete, raumseitige Oberfläche der Tragschicht kann bauseits verputzt oder bekleidet werden.

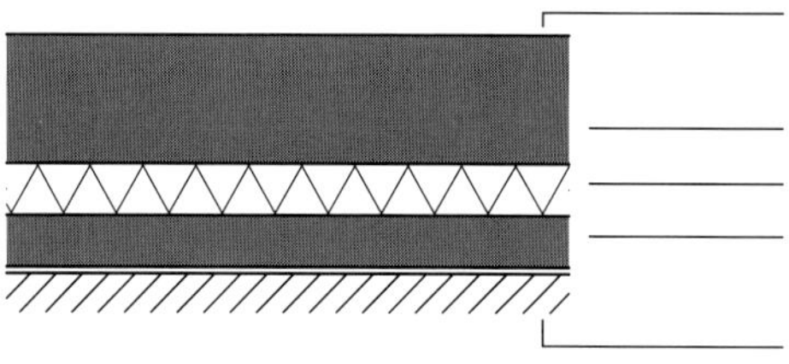

b) Negativverfahren mit Luftschicht
Der Abstand zur Bildung der Luftschicht zwischen Vorsatz- und Wärmedämmschicht wird durch spezielle, in der Sandwichplatte verbleibende Noppenfolien oder mit herausnehmbaren Styroporklötzchen, Bohlen und Sandbetten geschaffen.

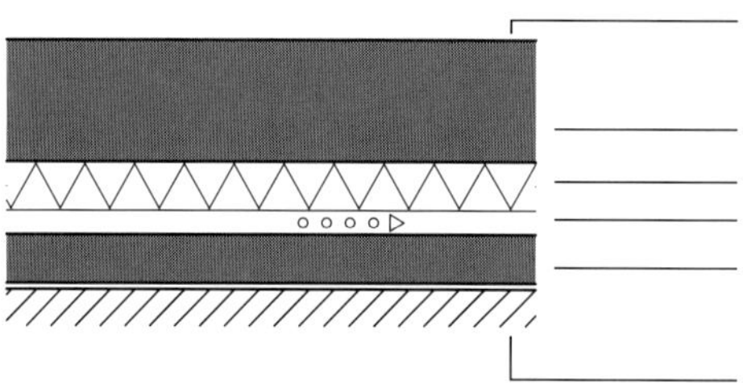

c) Positivverfahren (selten)
Die Sichtbetonfläche der Vorsatzschicht bleibt rüttelrau oder wird mechanisch nachbehandelt. Auf der Raumseite sind lediglich die Stoßfugen der Tragschicht zu verspachteln, wenn eine geschlossenflächige Oberflächenbehandlung bauseits erfolgen soll. Ansonsten ergeben sich hochwertige Sichtbetonflächen im Gebäudeinneren.

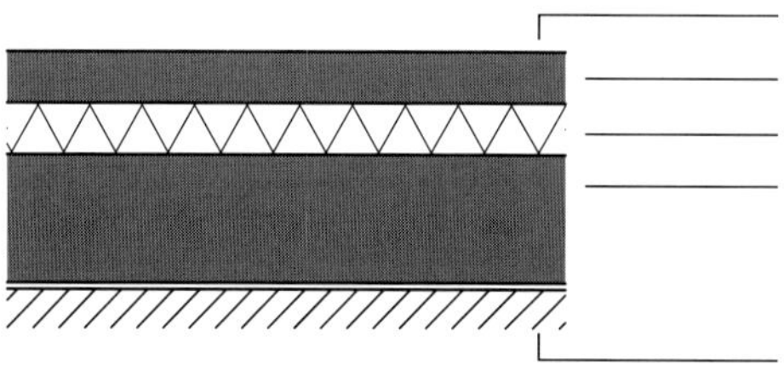

3.2.6 Der Schichtenverbund

besteht aus drei Arten von Verbindungsmitteln aus nicht rostendem Stahl:
- Traganker zur Aufnahme der Vertikalkräfte,
- Horizontalanker zur Aufnahme der Horizontalkräfte und
- Verbundbügel, Verbundnadeln sowie Anstecknadeln zur Aufnahme der Windlasten und Temperaturverwölbungen.

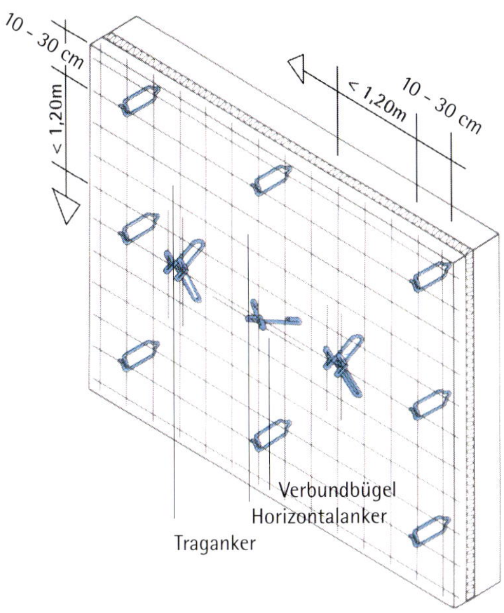

Die Bemessung, Anzahl und Positionierung resultiert aus den folgenden Kriterien:
- Tafelgeometrie; Vertikal- oder Horizontalformat, außermittige Öffnungen, überkragende Vorsatzsschichten, seitliches Umgreifen der Tragschicht durch die Vorsatzschicht
- Eigengewicht und Abstand der Vorsatzschicht
- Stahl- und Betontragfähigkeit
- Haftung an der Schalung beim Hebevorgang
- Windlast, insbesondere an Gebäudeecken
- Temperaturschwankungen in der Vorsatzschale; Wechselwölbungen
- Transport- und Montagebedingungen; eventuelle Drehung der Tafeln um 90°

Zur Vermeidung unnötiger Wärmebrücken ist die Anzahl der Anker und Bügel auf das Notwendigste zu beschränken.

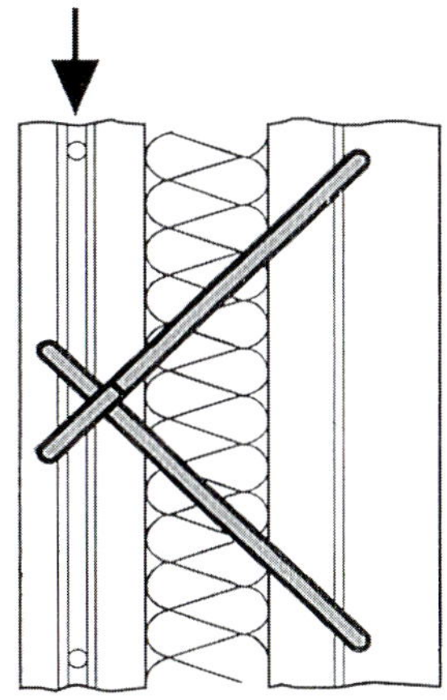

Traganker

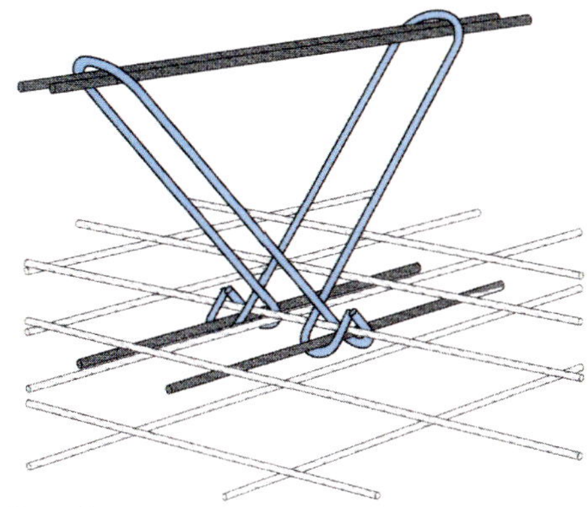

Traganker

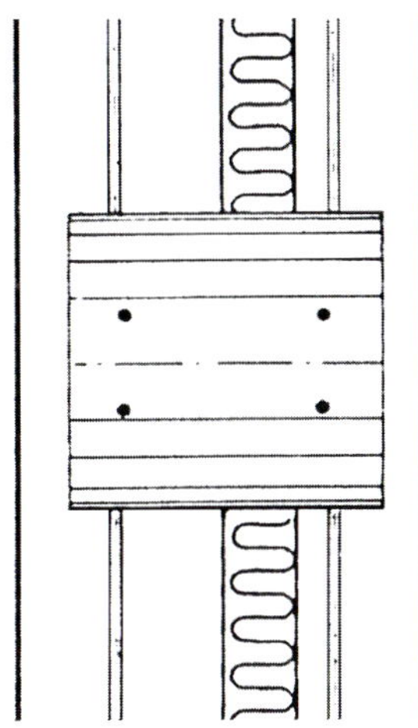

Traganker

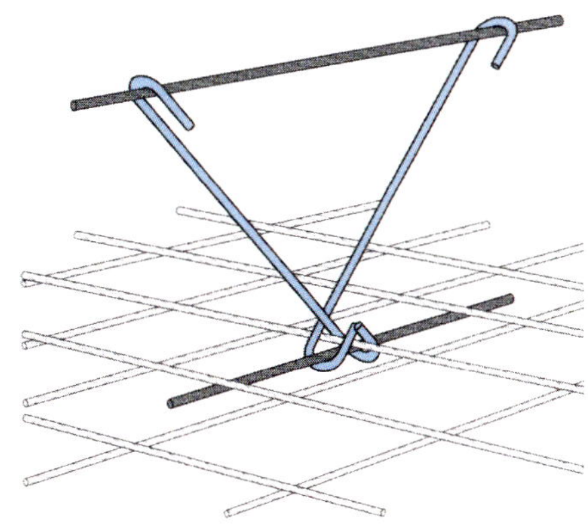

Horizontalanker

Verbundbügel

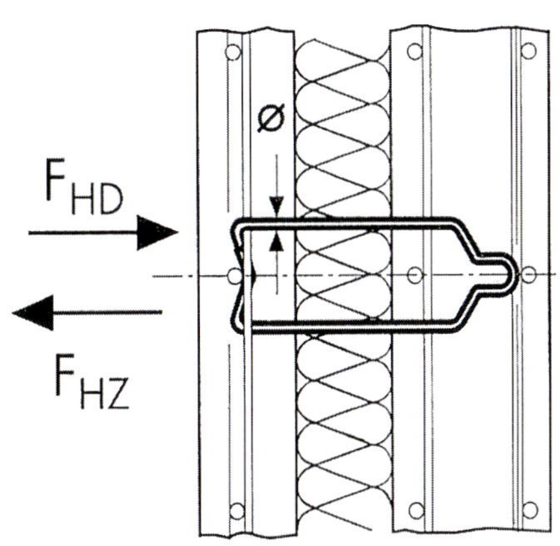

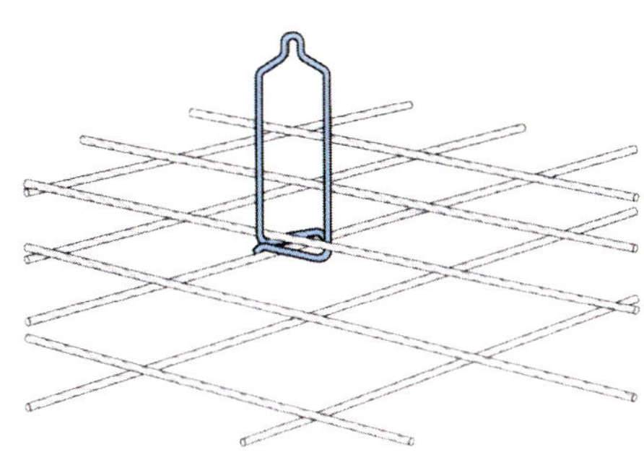

3.2.7 Die Fugen

ergeben sich aus den durch Herstellung, Transport, Montage, Verformungsverhalten und Gestaltung bedingten Abmessungen. Sie treten deutlich in Erscheinung und sind bestimmend für die ästhethische Wirkung der Fassadenflächen.

Die Vorsatzschichten der Sandwichtafeln müssen Längenänderungen aus Temperatur- und Feuchtigkeitsschwankungen von etwa 1 mm/m Tafellänge aufnehmen.

Sie gewährleisten eine zwängungsfreie Dehnung der Vorsatzschicht.

Für die Abdichtung von Außenwandfugen im Hochbau mit Fugendichtstoffen gilt DIN 18540.

Dieser Norm lassen sich auch die Fugenbreiten unter Berücksichtigung üblicher Fertigungs- und Montagetoleranzen entnehmen, wobei in Sonderfällen, z.B. bei dunklen, temperaturempfindlichen Wänden, die dort angegebenen Werte der Fugenbreiten um 10 bis 30 % vergrößert werden müssen.

Die Mindestfugenbreite verhält sich zum Fugenabstand wie folgt:

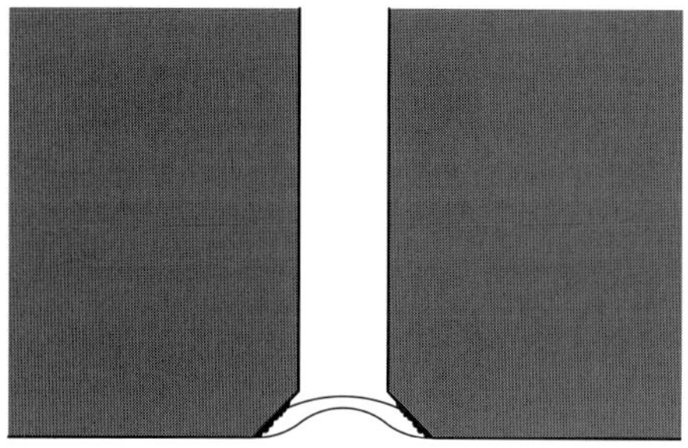

Fugenband mit Fasenhaftung

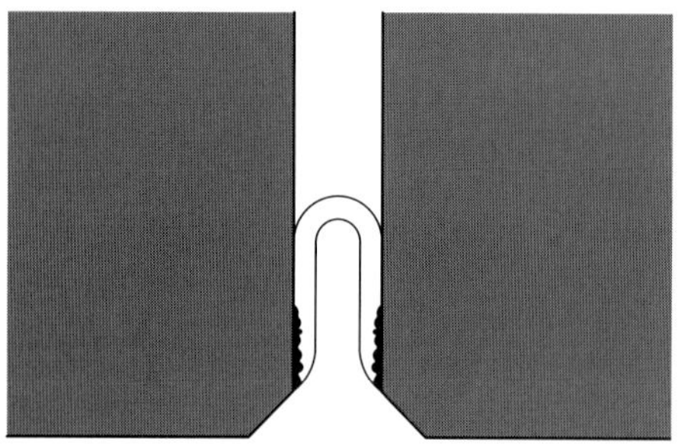

Schlaufenförmiges Fugenband mit Flankenhaftung

Alternativ zu den dauerelastisch gedichteten Fugen wurden in jüngerer Zeit Fugenbänder aus Polysulfid, Polyurethan und Silikon entwickelt, mit denen die Fugen überklebt werden.

Hierzu werden auf die Fugenränder Dichtungsmassen aus dem gleichen Material, aus dem die Fugenbänder bestehen, z.B. durch Aufspritzen, aufgebracht. Anschließend werden in die Dichtungsmassen die Fugenbänder – möglichst leicht schlaufenförmig – eingedrückt. Die schlaufenförmige Ausbildung hat den Vorteil, dass bei Verschiebung der Fugenflanken infolge Temperaturänderung weder das Fugenband noch die Verklebung merklich auf Zug oder Abscheren beansprucht wird. Bei farblicher Anpassung an die übrige Fassade kann diese Ausführung auch ästhetisch befriedigend sein.

Fugenabstand	Fugenbreite		Dicke des Fugendichtstoffes[3]	
	Nennmaß[1] b	Mindestmaß[2] b_{min}	d	Grenzabmaße
m	mm	mm	mm	mm
bis 2	15	10	8	± 2
über 2 bis 3,5	20	15	10	± 2
über 3,5 bis 5	25	20	12	± 2
über 5 bis 6,5	30	25	15	± 3
über 6,5 bis 8	35[4]	30	15	± 3

[1] Nennmaß für die Planung
[2] Mindestmaß zum Zeitpunkt der Fugenabdichtung
[3] Die angegebenen Werte gelten für den Endzustand, dabei ist auch die Volumenänderung des Fugendichtstoffes zu berücksichtigen.
[4] Bei größeren Fugenbreiten sind die Anweisungen des Dichtstoffherstellers zu beachten.

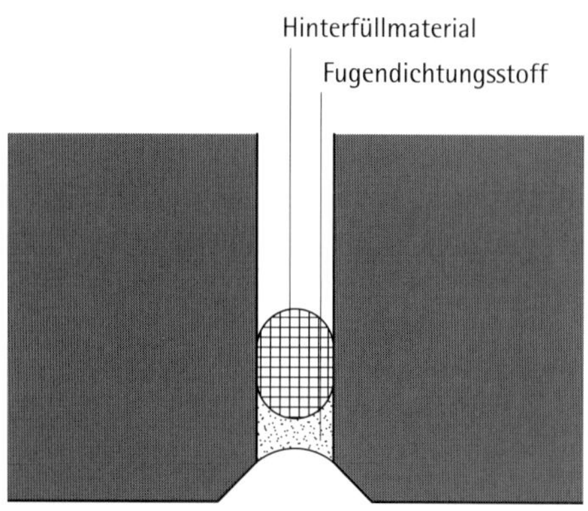

Abdichten mit Fugendichtstoffen

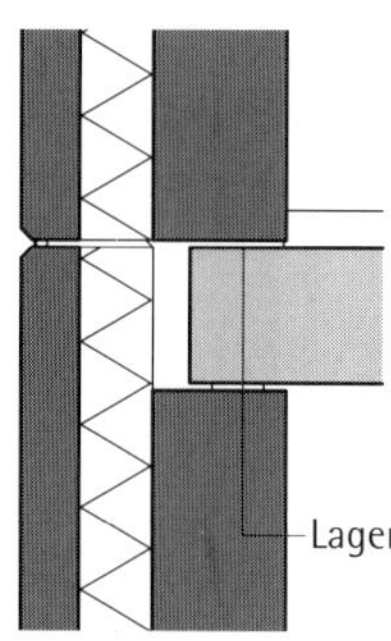

Horizontalfuge

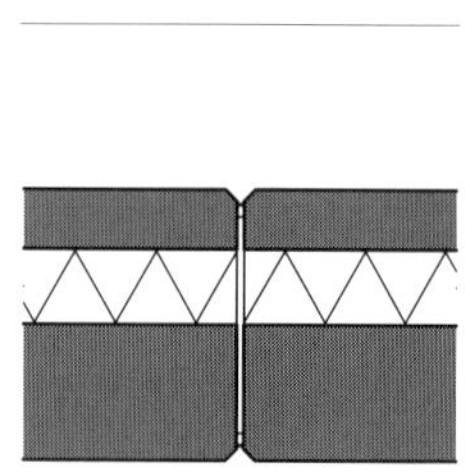

Vertikalfuge

Falls von diesen Werten abgewichen werden soll, ist die Fugenbreite unter Berücksichtigung der zu erwartenden Temperaturdifferenzen und der Maßabweichungen der Bauteile so zu bemessen, dass die Gesamtverformung des Fugendichtstoffes höchstens 25 %, bezogen auf die Fugenbreite b und eine Bauteiltemperatur von 10 °C, beträgt.

Es ist in der Regel wirtschaftlicher, große Elemente zu planen und damit den Fugenanteil zu reduzieren.

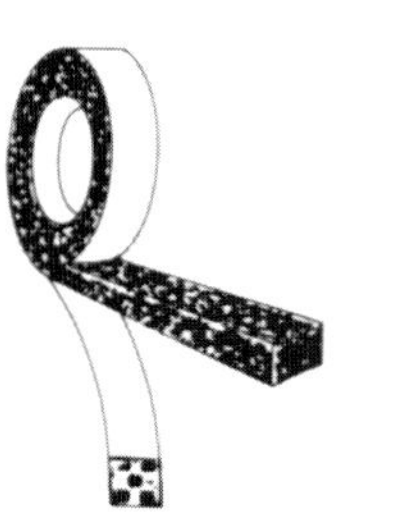

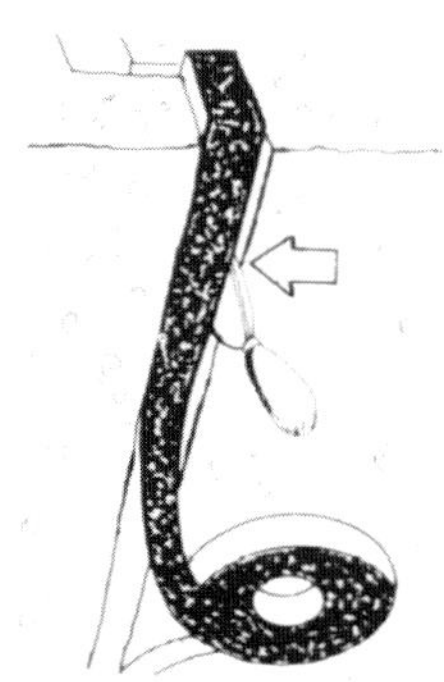

Vorkomprimierte Fugendichtungsbänder aus Polyurethan-Schaumstoff werden direkt vor dem Versetzen der Fassadentafeln auf die Fugenflanken aufgeklebt oder nachträglich in die Fugen eingebracht. Danach löst sich die Vorkomprimierung und das Band dichtet innerhalb begrenzter Toleranzen die Fuge dauerhaft ab.

Hierbei ist, wie bei allen Fugendichtungen, sauberes und exaktes Arbeiten eine wichtige Voraussetzung für das gute optische Gesamtbild der Fassade.

„Offene", 1 bis 1,5 cm breite Fugen sind unter Beachtung der folgenden Detaildurchbildungen möglich:

Die Horizontalfuge mit dem stufenartigen Versatz bietet einen ausreichenden Schlagregenschutz.

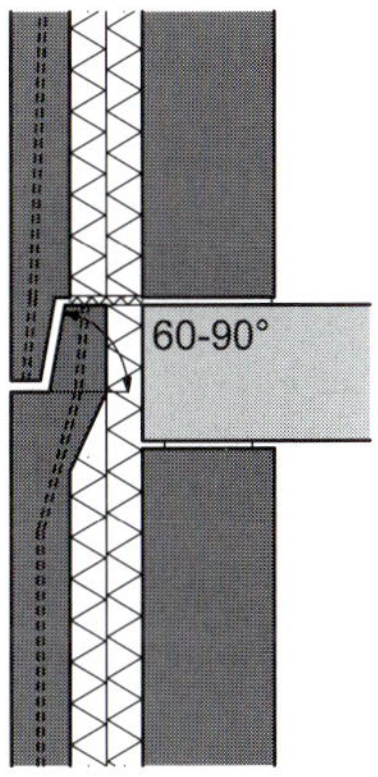

Die Vertikalfuge dichtet ein Zungenprofil, das in die einbetonierten Rillenprofile geschoben wird. Sie ist hinterlüftet und dient eventuell eingedrungenem Wasser als Drainage zur offenen Horizontalfuge.

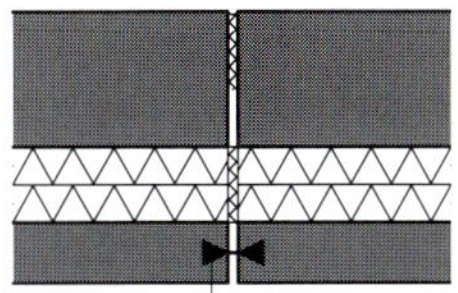

Einbetonierte Kunststoffwinkelprofile können den aufwendig zu fertigenden Stufenversatz ersetzen.

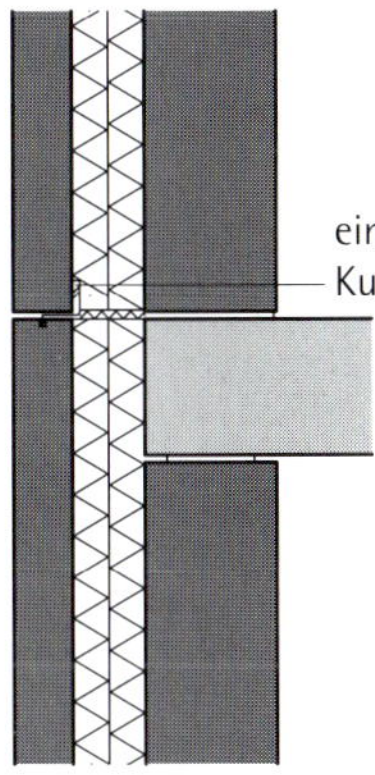

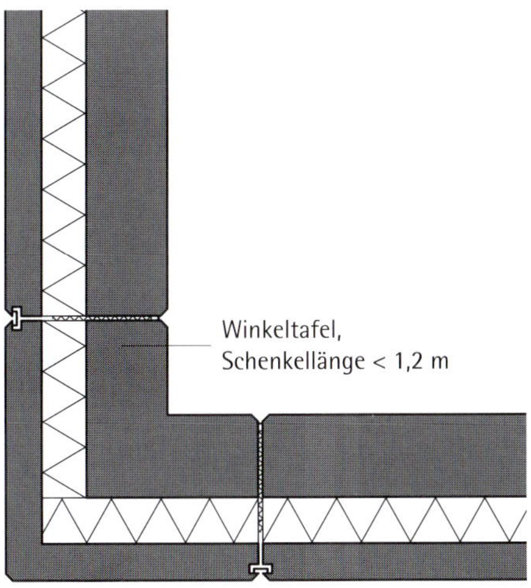

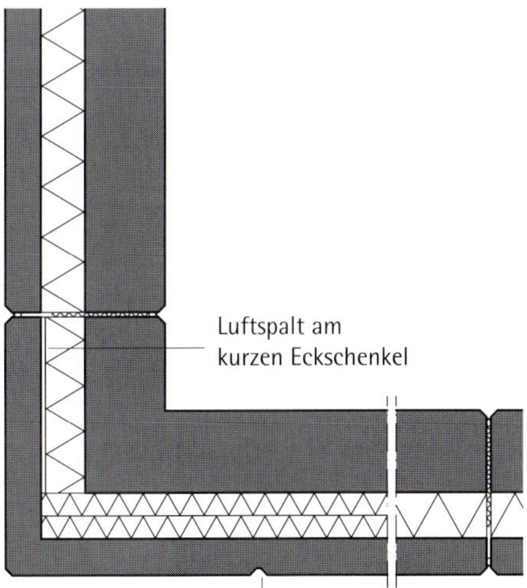

Besondere Sorgfalt verdient die konstruktive Durchbildung der Vertikalfugen an Gebäudeecken.
Wird die Sandwichtafel in Winkelform um die Gebäudeecke geführt oder erfolgt ein Flankenstoß der Vorsatzschichten, so ist ein Luftspalt zum Bewegungsausgleich vorzusehen. Nur bei Winkeltafeln mit gleich langen Schenkeln der Vorsatzschicht bis max. 1,2 m treten keine nennenswerten Bewegungen auf.

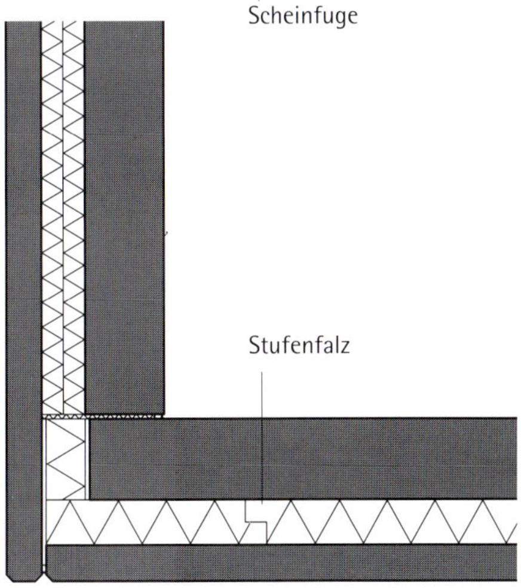

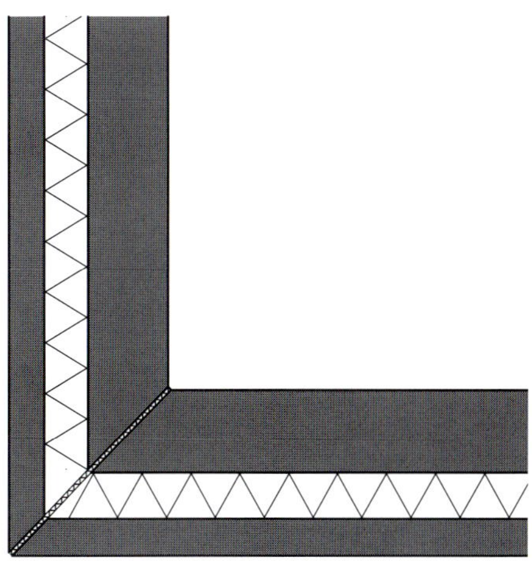

Wohnbau in Graz-Straßgang, A, 1994

Bauherr:	Gemeinnützige Eisenbahnsiedlungsgesellschaft mbH, Villach
Architekten:	Florian Riegler, Roger Riewe, Graz
Ingenieure:	Johann Birner, Graz

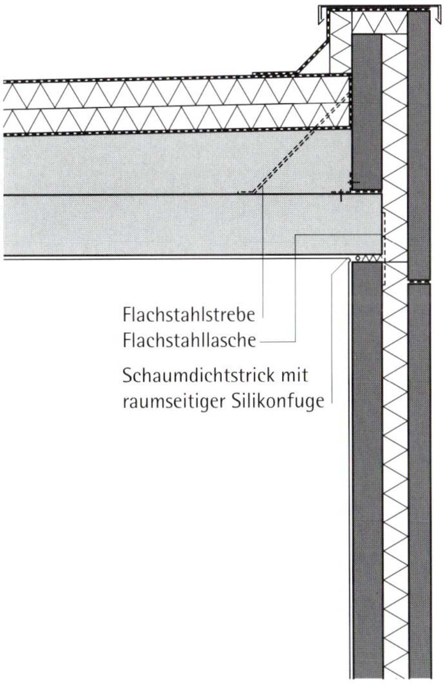

Die Gestaltung der Fassaden des dreigeschossigen Riegels basiert auf dem Prinzip des „Trompe-l'oeil".

Obwohl nur aus wenigen gleich großen Elementtypen bestehend, die jeweils eine Fassadenebene darstellen (die Kunststofffenster, die Brüstungsbekleidungen, die Betonfertigteile), so sind es die individuell zu handhabenden Schiebeläden mit ihren durchlaufenden Führungsschienen, die den Eindruck erwecken, als sei alles in Bewegung. Dass sich hinter den Betonfertigteilen zudem eine Schottenbauweise verbirgt, stellt um so mehr die Besonderheit dieses Gebäudes heraus. Dreischalige Sandwichelemente alternieren mit den innen bündig gesetzten, gebäudehohen Fenstern. Die Tragschale steht auf dem Geschossdeckenrand und ist mit ihm punktweise über einfache, werkseitig einbetonierte Stahlwinkel kraftschlüssig verbunden. Flachstähle an der Deckennase gewährleisten den oberseitigen Anschluss. Mit Hilfe einer Mörtelsetzfuge und einem Schaumdichtstrick werden die Rohbautoleranzen ausgeglichen. Die Sandwichelemente wurden auf einer gewöhnlichen Stahlschalung schichtweise gefertigt, wobei die beiden Schichten durch die Styropordämmung hindurch vernadelt sind. Bedingt durch manuelle Glättung der raumseitigen Betonoberfläche der Innenschicht wurde ein Innenputz notwendig. Aufgrund der hohen Standardisierung und des überraschend einfach konzipierten Gefüges kam es zu starken Kosteneinsparungen.

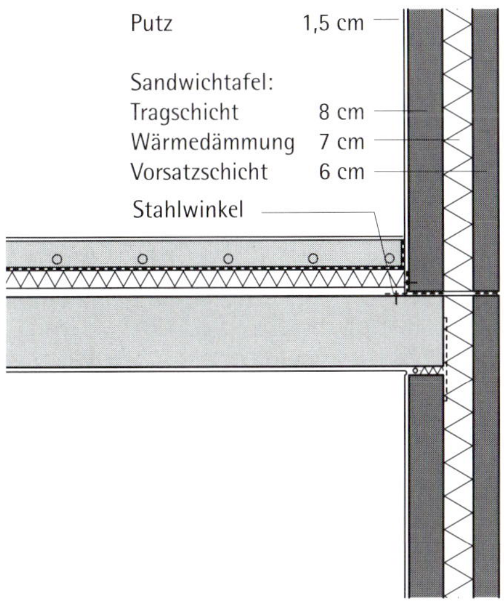

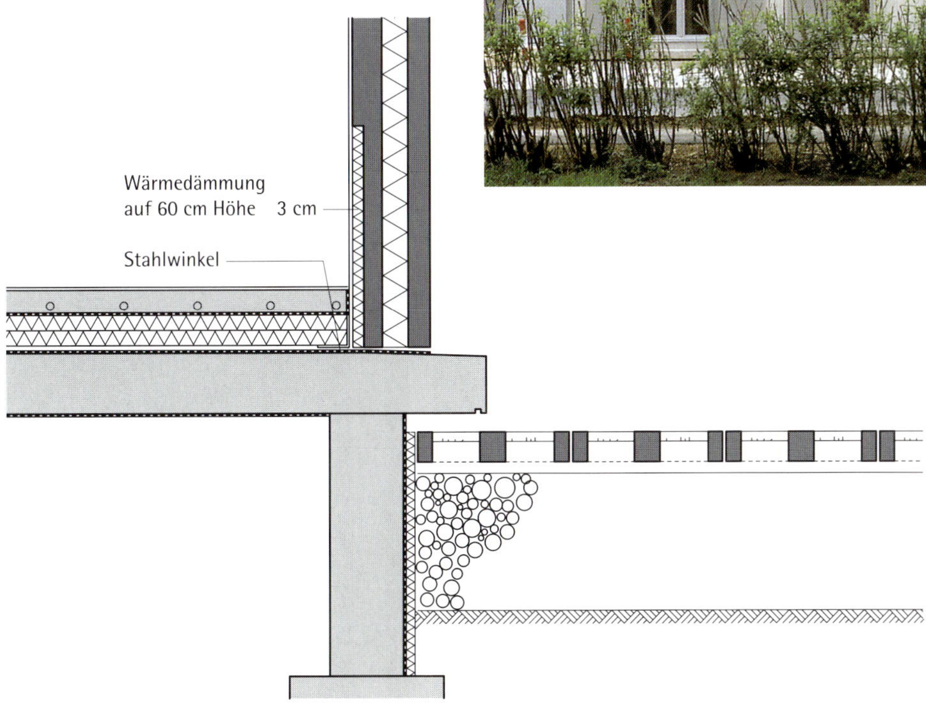

Landschaftsverband Rheinland in Köln, D, 1996

Bauherr: Rheinische Zusatzversorgungskasse
Architekten: GSP, D. Gatermann + E. Schossig u. Partner, Köln
Ingenieure: Abteilung T.B.K. der Ed. Züblin AG, Stuttgart

16 Monate standen für die Ausführungsplanung und schlüsselfertige Erstellung des Neubaus ab der Einreichung des Baugesuchs zur Verfügung. Bedingt durch diesen Zeitdruck wurden sämtliche Obergeschosse als Fertigteil- bzw. Ortbetonmischkonstruktion hergestellt.
Ein Haupttragelement bilden dabei die Brüstungsplatten. In Sandwichbauweise hergestellt aus einer 9 cm dicken, profilierten Vorsatzschale, deren rötliche Färbung auf einem Beton mit dem Zuschlag „Tiroler Rot" und der Zugabe von Eisenoxidpigmenten basiert, einer 8 cm dicken Wärmedämmung und der 16 cm dicken tragenden Innenschale mit geglätteter Innenseite ergab sich ein Element gestalterischer und statischer Funktion.
Anschlussbewehrungen auf der Innenseite nehmen die als Durchlaufträger wirkenden Elementplatten auf, die sich über den Unterzug längs der Flurzone bis zur gegenüber liegenden Fassade erstrecken. Ein Aufbeton aus B 35 ergibt ihre statische Wirksamkeit.

Genau der gekrümmten Grundstücksgrenze auf der Nordseite entsprechend mussten die Vorsatzschalen dem Radius von 300 m folgen, so dass jedes 8,3 m lange Element einen Stich von 2,5 cm aufweist. Nur die Vorsatzschale folgt durch Aufdickung dieser Gesetzmäßigkeit. Dadurch leitet die Fassade sanft zum Blick auf den Kölner Dom über.

Modellfoto

Innenhof in Richtung Westflügel

Die konvex gebogene Nordfassade...

lenkt den Blick auf den Kölner Dom.

Geschosshohe, gebogene Glassteinfertigteile begrenzen das Treppenhaus, das von einer portalartigen Lochfassade gerahmt ist.

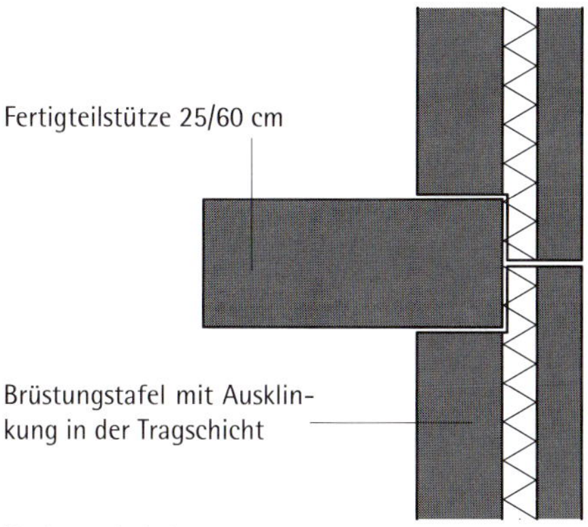

Horizontalschnitt

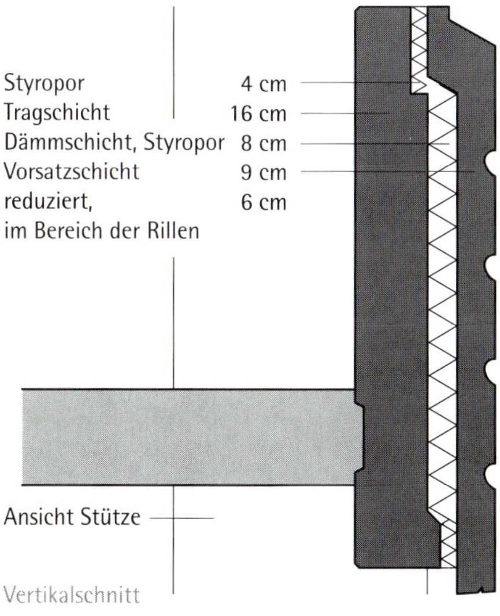

Vertikalschnitt

Die Brüstungstafeln mit der profilierten Vorsatzschicht und den Fugenstößen vor den Stützenachsen

„Esplanade", Wohnsiedlung mit multifunktionalen Räumen in La Chaux-de-Fonds, CH, 1995

Bauherr: Caisses de Pensions de l'Etat de Neufchâtel et de La Ville de La Chaux-de-Fonds, SMH, Prevhor, Camerino S.A.
Architekten: Claude Schelling + Partner, Zürich
Ingenieure: Bonnard et Gardel S.A. + Elément Intégral AG, La Chaux-de-Fonds

Die Siedlung im städtischen Umfeld

Hinter den Arkaden öffnen sich die multifunktionalen Räume entlang der Esplanade.

Die Wohnsiedlung mit 294 Wohnungen, über 150 verschiedenen Grundrisstypen mit maximaler Variabilität, einer multifunktionalen Zone von 3500 m² entlang der 450 m langen „Esplanade" und 270 Einstellplätzen geht aus einem 1988 gewonnenen Wettbewerb hervor.
Er hatte zum Ziel, Sozialwohnungen nach der unteren Kostengrenze der Subventionsvorschriften zu bauen und trotzdem qualitativ hochwertigen Wohnraum zu schaffen.
Das war nur mit Hilfe des hier vorgestellten Elementbaukastensystems möglich, das vom Architekten inzwischen mehrfach in der Schweiz ausgeführt wurde und als Referenz für ein „offenes System" im Betonfertigteilbau gilt.
Die kubische Gliederung der gestaffelten Bauten basiert auf der Raumzelle als modularer Einheit.
Sie wird durch ein quadratisches Grundraster von 3,90 m x 3,90 m und eine Höhe von 2,75 m definiert und überzieht als virtuelles statisches Raumgitter die ganze Siedlung.
Je nach Grundrissvariante umschließen die Wandtafeln ein, zwei oder mehrere Planquadrate und ergeben durch die freie Kombination eine Vielfalt an Raumteilungen und -begrenzungen in den übereinander liegenden Geschossen.
Die Lasten der beliebig im Raster gerichteten Tafeln der Außen- und Wohnungstrennwände und der selbsttragenden quadratischen Deckenelemente konzentrieren sich auf die Stützenelemente in den Kreuzungspunkten. Bis auf diese statischen Festpunkte und die Sanitärschächte können die Wohnungen mit ihren Außenbereichen unabhängig voneinander konzipiert werden.
Mit Ausnahme der ganz oder teilweise im Erdreich liegenden Geschosse, die vor Ort betoniert wurden, sind alle Wohnungen und die multifunktionalen Räume in Elementbauweise errichtet worden.
Die Fertigung der Sandwichtafeln erfolgte in Stahlschalungen.
Eine 12 cm dicke Wärmedämmschicht trennt die 16 cm dicke raumseitig geputzte Tragschicht von der mit weißem Ze-

Montage einer Sandwichtafel

ment hergestellten, 8 cm dicken Vorsatzschicht.
An Stelle der ursprünglichen, systemgebundenen Fassung wurde zur weiteren Kosteneinsparung eine projektgebundene Alternative erarbeitet, in dem die Sandwichtafeln, zum Großteil um das Stützenelement verlängert, als ein Element vorgefertigt wurden.
Diese Maßnahme reduzierte die Produktions- und Transportkosten.
Als Ausdruck der Kräfteableitung in den Modulkreuzungspunkten blieb die Fugengeometrie der Stützenelemente erhalten.
Pergolabalken und -pfosten sowie Blumentröge umgrenzen mindestens einen, oft aber auch mehrere zu einer Wohnung gehörende, großzügig bemessene Dachterrassen und steigern das Gefühl der Geborgenheit. Trotz des eingeschränkten Kostenrahmens wurde mit diesem Projekt die höher liegende innen- und außenräumliche Qualitätsstufe erreicht.

Die fertig montierte Fassade beim Eindrücken der Fugenbänder

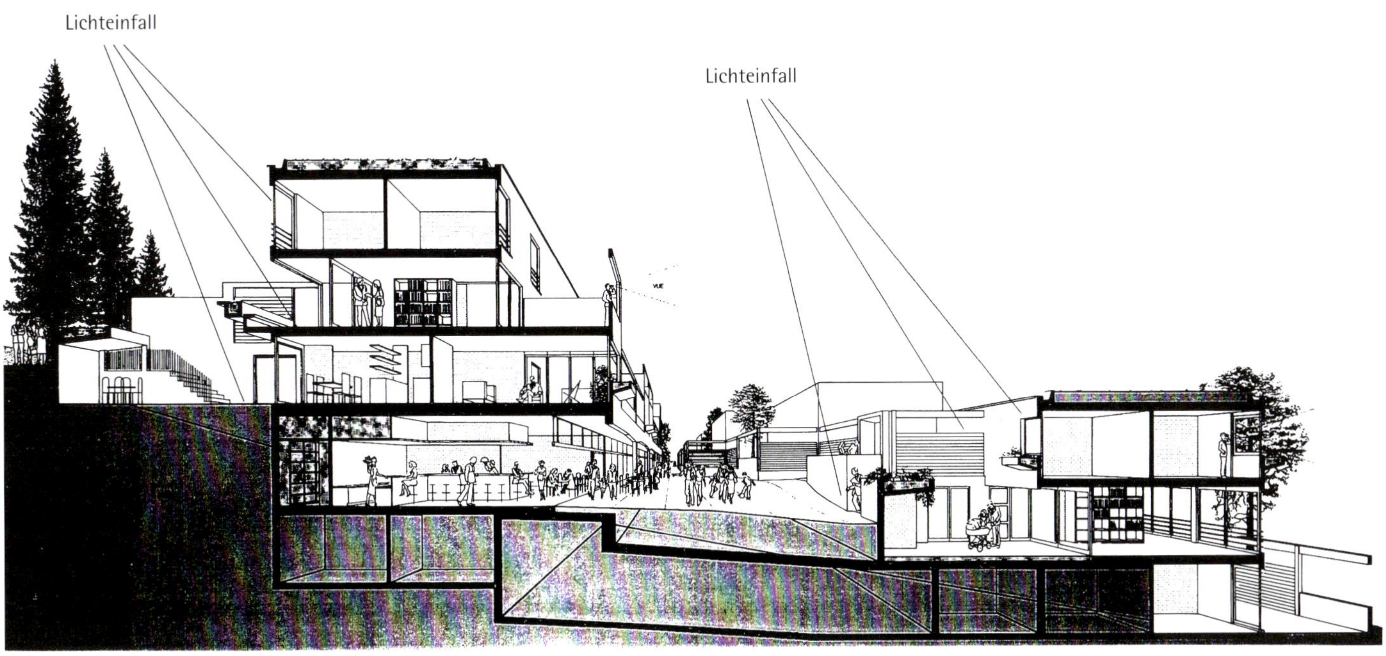

Bildnachweis zu Kapitel „Fassadentafeln"

S. 26 Hans-J. Meschke, Aachen
S. 28-29 Verlag Bau+Technik, Düsseldorf
S. 30-31 Olivier Wogonscky, Paris
S. 32-33 Lyon Parc Auto, Lyon
S. 34-35 Hans-J. Meschke, Aachen
S. 36-37 Verlag Bau+Technik, Düsseldorf
S. 38-39 Jens Willebrand und Züblin A.G., Köln
S. 40-41 S.A.R.L. François & Henrion, Nancy; Olivier-Henry Dancy, Paris
S. 42-43 Stefan Müller, Berlin
S. 44-45 Jaques Ripault, Paris
S. 46-47 Käppel + Klieber, Stuttgart
S. 48 Hans-J. Meschke, Aachen
S. 49 André Naude, Tarbes
S. 50-51 Kuhn-Pramann-Steinweg, Braunschweig
S. 52-53 Patrick Dickey, Omaha
S. 54-55 Peter Bucharian, Paris
S. 56 Hans-J. Meschke, Aachen; Dyckerhoff AG, Wiesbaden
S. 57 Verlag Bau+Technik, Düsseldorf
S. 58 Stefano Torpuntoli, Mailand
S. 63 Guillaume Mauduit-Lecomte, Paris
S. 64-65 Paul Ott, Graz; Margherita Spiluttini, Wien
S. 66-67 Jens Willebrand, Köln
S. 68-69 Hannes Henz, Zürich; Claude Schelling, Zürich

4 Porenbeton-Fassaden

Lager- und Verkaufshalle in Eichstätt, D, 1995

Bauherr:	Farben Kemeter, Eichstätt
Architekten:	Hild & Kaltwasser, München
Ingenieure:	Muck und Schneider, Eichstätt

Der Bauherr fand nach zwei fruchtlosen Entwürfen schließlich die Architekten, die seiner fortschrittlichen Auffassung über anspruchsvollen Gewerbebau in einem Wallfahrtsort der Architektur, wie es Eichstätt ist, entsprachen.

Bis auf die beiden Ortbetongiebelscheiben besteht die Halle aus Betonfertigteilen. Das Tragwerk setzt sich aus vorgespannten Einfeldträgern, eingespannten Stützen und aufgesetzten Randriegeln zusammen. Kerngedämmte Sandwichelemente bilden die Frostschürze im Erdreich und einen anprallsicheren Sockel im Fahrbereich. Die Oberfläche der Außenschale blieb „rüttelrau", die der Innenschale ist „stahlglatt".

Auf dem Sockel sitzen Wandplatten aus Porenbeton, die oberseitig an den Randriegel anschließen. Dieser Werkstoff genügt den hauptsächlichen Anforderungen: Brandschutz F 90 und Wärmeschutz. Im Gegensatz zu den üblichen flächigen Fassaden geraten hier die handelsüblichen Elemente aus sechs Längen und zwei Dicken, 20 und 25 cm, mit den wie zufällig hingestreut wirkenden drei Fenstergrößen derart in Bewegung, dass das Auge nach Gesetzmäßigkeiten in der Gestaltung sucht. Während die vorspringenden Teilflächen schützend über den Fenstern enden, schiebt sich ein Element der rückwärtigen Teilflächen zur weit auskragenden Attika durch, die an diesen Stellen die Außenbeleuchtung in sich birgt.

Mit einer eigens entwickelten mineralischen Lasur behandelt, behält der Porenbeton seine „offenporige" Oberfläche und seine natürliche Färbung.

Im Jahre 1997 wurde dieses Bauwerk von der Jury des Architekturpreises Beton mit einer lobenden Erwähnung bedacht; denn „alle Gestaltmerkmale sind der gelungene Ausdruck des aus einfachen Elementen intelligent entwickelten Konstruktions- und Montageprinzips. Und eine Bereicherung für die Eichstätter Architekturlandschaft allemal."

Reliefartige Strukturierung der Fassade

Ausfachung der Endfelder in schalungsrauem Beton

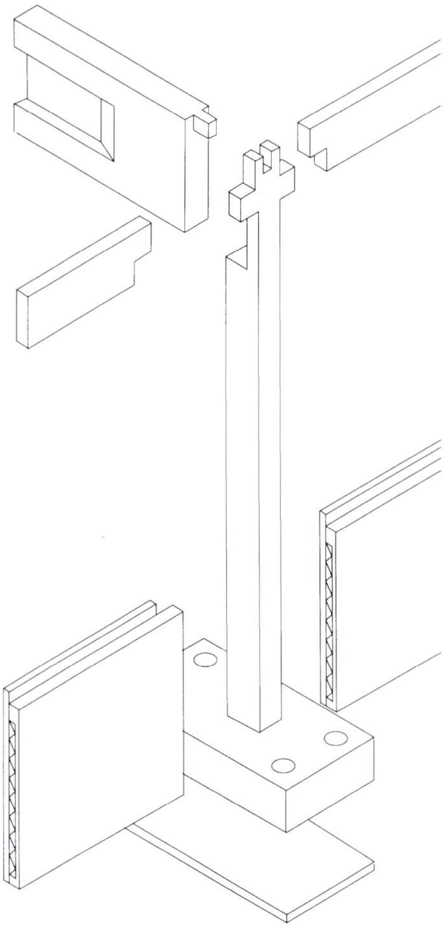

Das konstruktive Gefüge aus vorgespannten Einfeldbindern und eingespannten Stützen

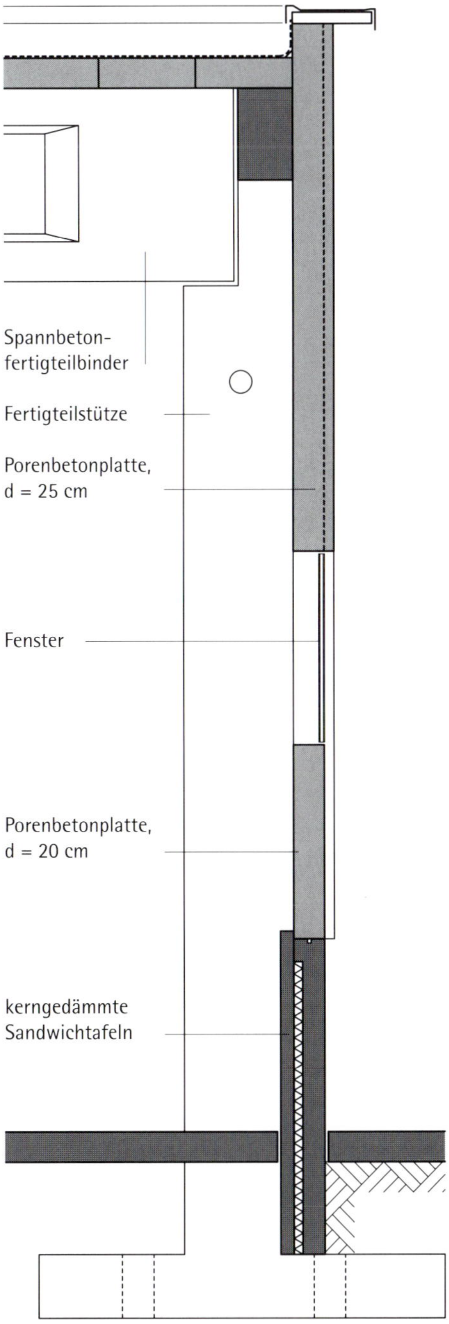

Fassadenschnitt

Zonung der schweren und leichten Betonfertigteile

Bürogebäude der Firma Kiefel Anlagentechnik GmbH in Freilassing, D, 1994

Bauherr: Paul Kiefel, Freilassing
Architekten: Fred Meier, Freilassing
Ingenieure: Haumann und Fuchs, Traunstein

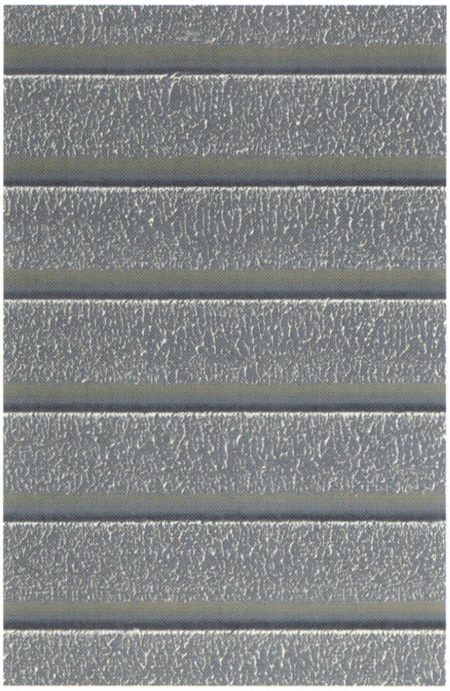

Eingefräste Schattenfugen gliedern die leicht porös scheinende Oberfläche.

Ursprünglich war eine Stahlkonstruktion mit Brüstungsbändern aus Blech-Sandwich-Paneelen vorgesehen. Die bauphysikalischen Bedenken gegenüber der möglichen Abgabe der Wärme ins Innere bei sommerlichen Extremtemperaturen an der Außenfläche bis 70 °C und die mangelnde Wärmespeicherfähigkeit der Paneele führten zur Wahl der Strukturwandplatten aus Porenbeton, deren Oberflächen durch das Ausfräsen von Schattenfugen horizontal gegliedert sind.

Die 62,5 cm hohen, 17,5 cm dicken und bis zu 6,20 m langen Platten sitzen unmittelbar vor den Ortbetonbrüstungen und -wänden.

Sie entsprechen der Feuerwiderstandsklasse F 90-A. Die äußeren horizontalen Elementfugen wurden mit modifiziertem Kunststoffklebemörtel abgedichtet und die maximal 15 mm breiten Vertikalfugen mit plastoelastischem Material geschlossen.

Zum Feuchtigkeitsschutz sind sie ohne vorherige Grundierung auf Acrylatbasis in hellgrauer Tönung beschichtet worden.

Bei einer Erstbeschichtung ist keine Grundierung nötig. In diesem Zusammenhang sei daran erinnert, dass dunkle Farben mit einem Hellbezugswert kleiner 30 auf der Skala zwischen 0 (schwarz) und 100 (weiß) wegen der zu starken Aufheizung der Wandflächen nicht verwendet werden sollten.

Längs-, quer- und diagonallaufende Fräsungen sowie kassettierte Vertiefungen bis hin zu Firmenlogos und bildhauerischen Reliefs sind machbar.

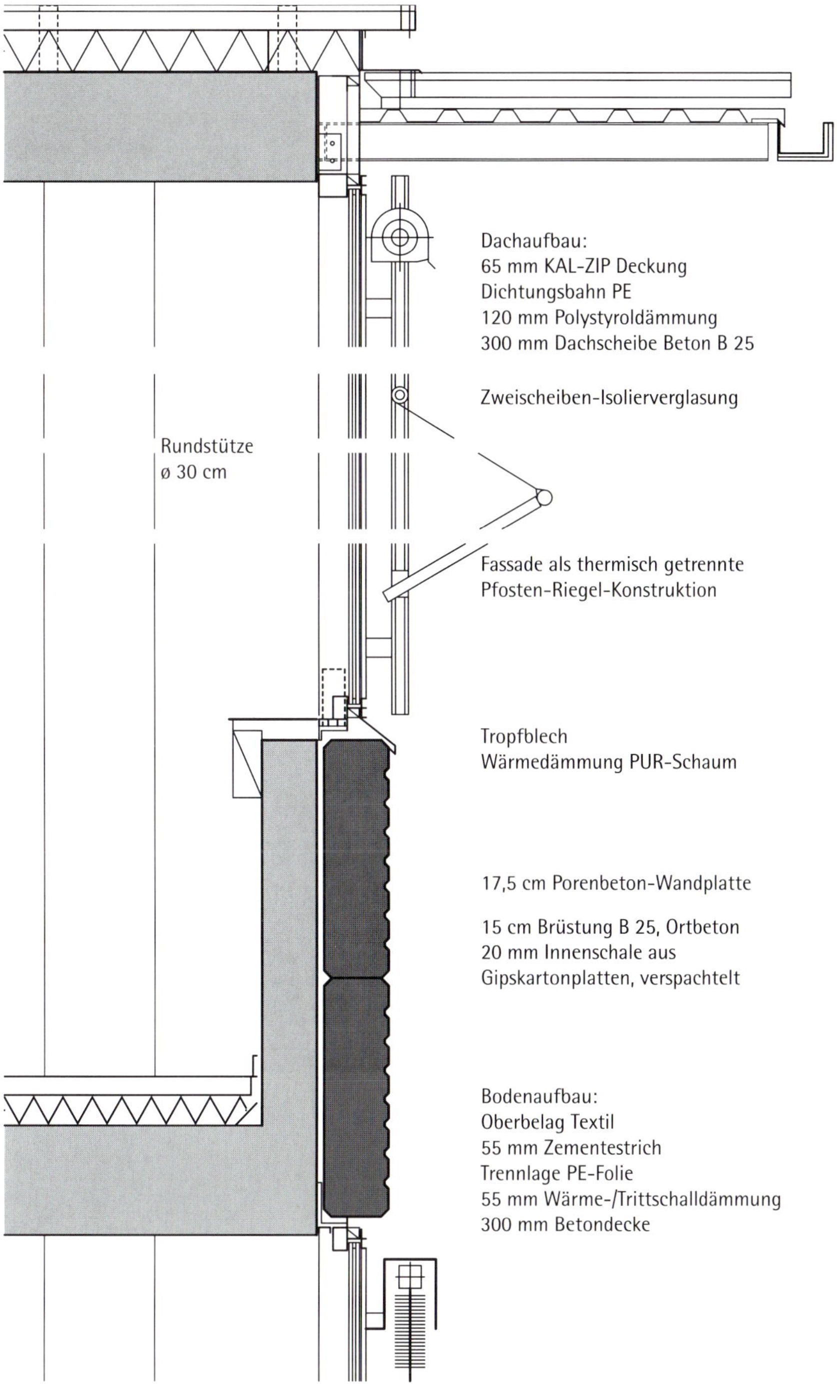

Die Lamellen der Raffstores im Dialog mit den Schattenfugen der Porenbeton-Platten

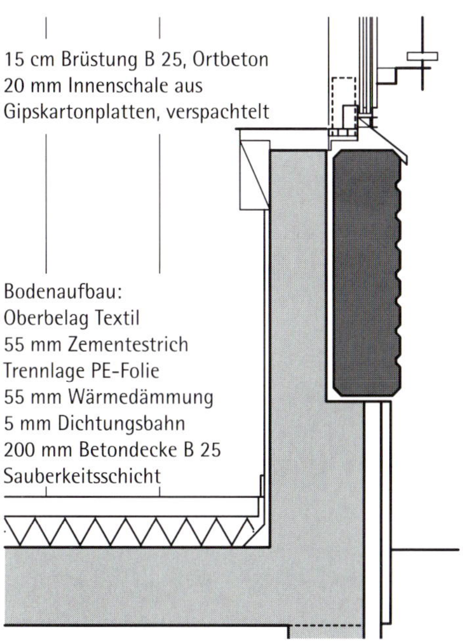

Der Bürobau ist eine Stahlbetonkonstruktion, deren 1,20 m Raster sich in der Gliederung der Fassadenelemente widerspiegelt.

Keramikwerk Rosenthal in Kronach, D, 1986

Bauherr:	Rosenthal AG, Kronach
Architekten:	Planung Fahr und Partner PFP, München
	Hans Weiß, Bauabteillung der Rosenthal AG
Ingenieure:	Herschmann, München

Die Produktionsstätte sollte mehr als nur ein belangloses Gehäuse für rationalisierte technische Produktionsabläufe sein. Der darin arbeitende Mensch und die Humanisierung des Arbeitsplatzes sowie die Verbesserung des Stadtrandbildes gaben den Ausschlag zur Formfindung und inneren Organisation dieser additiven, maßstäblichen Industrie-Architektur.

Großflächig verglaste Erker in den Negativecken der Wabenstruktur, die in den Satteldachoberlichtern ihre Fortsetzung finden, stellen den optischen Bezug zum Werksgelände und zur umgebenden Landschaft her.

Die Herstellung von Serienprodukten drückt sich in der Gestalt des Gebäudes aus. Jeder Modul besteht aus einer hexagonalen Dachplatte, die von der zentralen Pilzstütze mit innenliegender Dachentwässerung auskragt.

Zur optimalen Belichtung aus dem Zenith auf Abstand gesetzt, ergibt sich ein offenes System eines Sichtbetontragwerks, das in Zukunft beliebig erweiterbar ist.

Diesem Prinzip entsprechen die geschlossenen und verglasten Fassadenelemente, die leicht demontierbar sind. Weiß lasierte, 25 cm dicke und 6,05 m hohe Porenbeton-Wandplatten stehen zu Wandscheiben gereiht auf Streifenfundamenten und werden seitlich und oben mittels Stahlschwertern und -laschen von der Pfosten-Riegel-Konstruktion der Glasfassade gehalten.

Vom Dachrand und an den Ecken durch die Glasbänder gelöst, unterstreichen sie den schwebenden Charakter der Dächer.

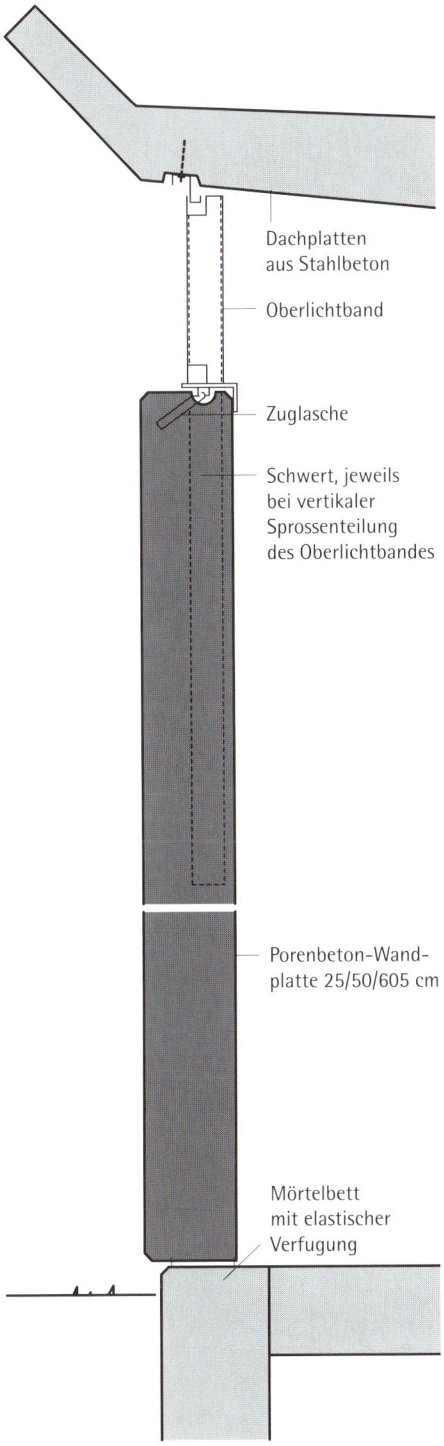

Außenansicht eines Moduls

Pausenecke im stumpfen Winkel der unverkleideten Wandscheiben

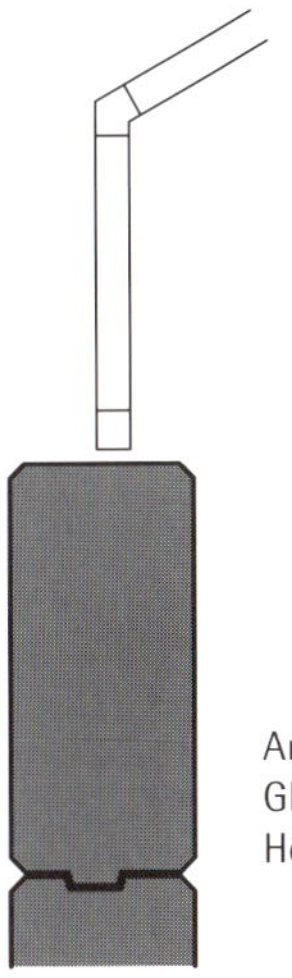

Der Fassadenrhythmus an der Waldseite

Bildnachweis zu Kapitel „Porenbeton-Fassaden"

S. 72-73 Gerhard Praßer, Köln; Verlag Bau+Technik, Düsseldorf
S. 74-75 Hebel AG; Ropöns, Emmering
S. 76-77 Rosenthal AG; Hebel AG, Emmering; Verlag Bau+Technik, Düsseldorf

5 Komplementäre Bauteile

5.1 Im Ortbetonbau

Zunehmend werden Betonfertigteile im Kontext mit anderen Fassadenmaterialien verwendet. Sie stellen oft aufgrund der unbeschränkten Formgebung den Schlüssel zur Lösung komplizierter gestalterischer und konstruktiver Probleme dar. Die genauere Verlegung der Bewehrung und der hochverdichtete Beton verringern die Gefahr der Betonstahlkorrosion.
Im Betonbau ersetzen vorgefertigte Balkonplatten, plastisch durchgebildete Balkonelemente, sowie Sonnenschutz-, Schallschutz- und Sichtschutzrippen diese früher vor Ort geschalten, bewehrten und betonierten Bauteile.
Bereits bei komplizierten Einzelanfertigungen und insbesondere bei Kleinserien erweist sich die Vorfertigung als preiswert, schnell und präzise.
Die Fertigteile werden in die Schalung gestellt und, gegebenenfalls unter Verwendung von Maßnahmen zur thermischen Trennung, mit dem Ortbeton der Wände oder Decken kraftschlüssig vergossen.
Bauseits können ebenfalls Anker, Hülsen und Schienen vorgesehen werden, die eine nachträgliche Montage mit mechanischen Befestigungsmitteln gestatten.

Seniorenheim in Loudéac, F, 1996

Bauherr: ODHLM des Côtes-d´Armor
Architekten: Laurent Salomon, Paris
Ingenieure: Construction Moderne d´Armor

Balkon in U-Form mit seitlicher Aufhängung in den Wangen und thermischer Trennung

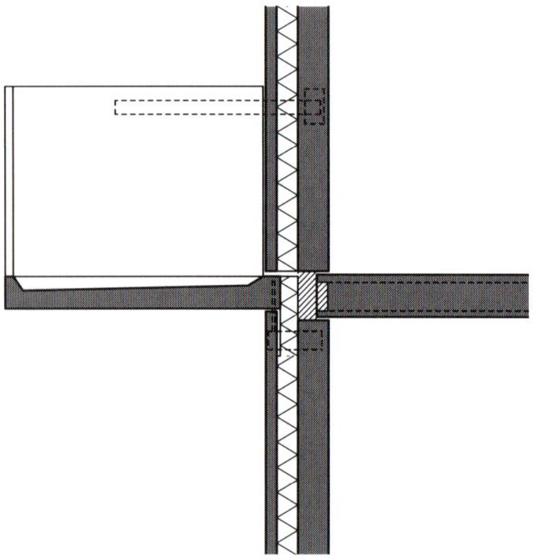

Um die gleiche Färbung und Körnung wie die des Ortbetons zu erhalten, wurden die Balkone auf der Baustelle vorgefertigt und mit dem Kran auf zuvor einjustierte Gerüste gesetzt.
Die Bewehrung der horizontalen Schenkel greift in den Aufbeton der Elementdecken, die der vertikalen Schenkel in die Schotten.
Die Balkone binden in das systematische Liniennetz der Ortbetonfugen ein.
Bedingt durch die schwierige plastische Ausformung der Wasserspeier und begünstigt durch den hohen Wiederholungsfaktor erwies sich die Vorfertigung als zeit-, kosten- und mängelsparend.
„Es ist letztlich billiger, es einmal gut als zweimal schlecht zu machen", so die Devise des Architekten.

Sozialstation „Nicolas Flamel" in Gentilly, F, 1994

Bauherr:	Hospices de Gentilly
Architekten:	Béatrice Dollé und Christian Labbé, Paris
Ingenieure:	G.E.C. Ingénierie, Paris

Der 100 m lange Bettentrakt zeichnet sich durch eine vom Baukörper scheinbar gelöste Wandscheibe ab.
Sie setzt sich aus weißen, polierten Sichtbetontafeln zusammen, deren horizontale Gliederung durch die beiden Oberlichtbänder verstärkt wird.
Auf die hohen, beidseitig der Schotten geschossweise versetzt angeordneten Fenster reagieren horizontale und vertikale Rippen in der gleichen Betonqualität. Sie dienen dem Sonnenschutz, der Brechung des Verkehrslärms an der stark befahrenen Straße und der Vermeidung von visuellen und verbalen Konflikten über den Außenbereich zwischen den als sozial schwierig eingestuften, temporären Bewohnern.
Weiße, thermolackierte Aluminiumbleche kaschieren die Absorptionsdämmung und dienen der Lenkung des Tageslichts ins Innere der 4 m hohen Räume. Sämtliche Elemente wurden mit Hilfe mechanischer Befestigungsmittel montiert.

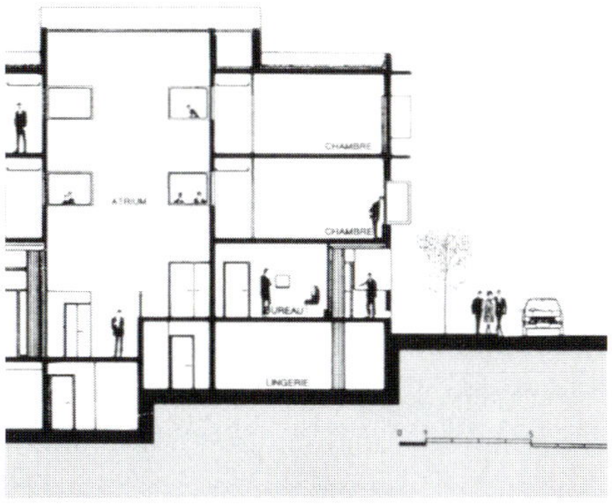

Studentenwohnheim in Brandenburg, D, 1998

Bauherr: Studentenwerk Potsdam
Architekten: Hufnagel-Pütz-Rafaelian, Müller; Berlin
Ingenieure: B.A.I.G., Dr.-Ing. Hettwer, Brandenburg

Konstruktives Gefüge aus grauen Betonkragplatten und Faserzementtafeln an der Straßenecke

In diesem ersten von drei annähernd gleich großen Bauabschnitten des Studentenwohnheims auf dem Fachhochschulcampus wohnen 200 Studenten.
Die komplette Wohnanlage wird aus drei U-förmigen, ineinander greifenden Baukörpern bestehen, denen sich im Inneren des Blocks drei thematisierte Freiflächen zuordnen: der Birken-, Eichen- und Kiefernhof.
Der Bezug setzt sich in den zum Ausbau und für die Möbel verwendeten typischen Hölzern eines jeden Bauabschnittes fort.
Das realisierte Gebäude am Birkenhof bietet eine Vielfalt von unterschiedlichen Wohnformen und -größen für Gemeinschaften von 2 bis 6 Personen. Von der monolithisch wirkenden Ziegelarchitektur der als Fachhochschule genutzten Kasernengebäude hebt sich das Studentenwohnheim mit seiner stark horizontal gegliederten Baumasse ab.
Leichte Wandbauelemente in Holztafelbauweise mit einer Beplankung aus lichtgrauen Faserzementtafeln, die straßenseitig weniger tief als hofseitig von den fluchtenden Deckenrändern zurückweichen, erzeugen eine plastische Ausfachung der Geschosse.
Alle Kragplatten der Geschossdecken sind Fertigteile aus wasserundurchlässigem Beton B 35, die mit Isokörben in den Ortbeton über den Elementdecken einbinden. Vorspringende Volumen wurden unter und über den Fertigteilen zusätzlich gedämmt. Entsprechend der geschossweise unterschiedlich zurückgesetzten Fassadenebenen weisen die maximal 6,0 m langen und 1,5 m breiten Platten unterschiedliche Geometrien auf.

Hofseitiges Fassadenrelief

Die stark horizontal gegliederte Baumasse vor dem historischen Gebäude der Fachhochschule

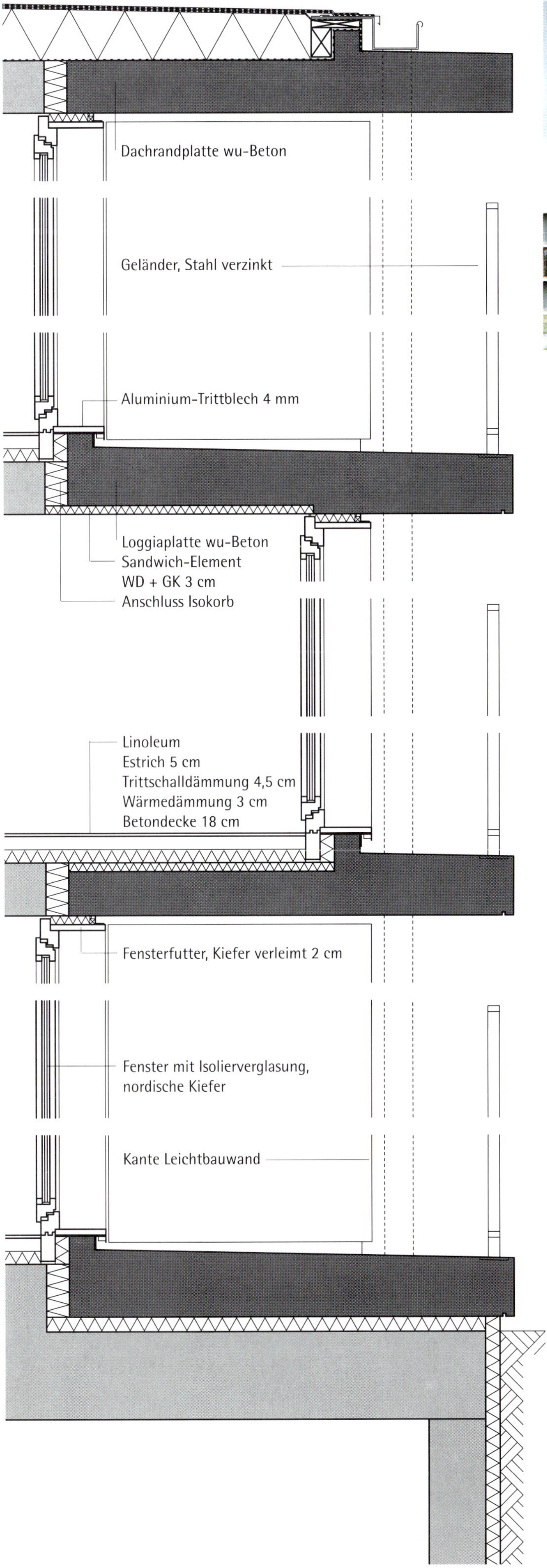

Deckennasen als gestalterische Zusammenfassung der Baukörper

Die Aufkantungen im Bereich der Anschlüsse der Wandtafeln, das Gefälle nach außen und die genaue Positionierung der Geländerankerplatten führten dazu, dass die Aufsichtsflächen dem Schalungsboden zugewandt gefertigt wurden.
Daraus ergeben sich die geglätteten Untersichten mit den eingedrückten Wassernasen. Es wurde vereinbart, sämtliche Ecken scharfkantig auszubilden und keine nachträgliche Spachtelung der Oberflächen zuzulassen. Kugelkopf-Transportanker erleichterten das Absetzen und Justieren auf den temporären Abstützungen.

Regen- und Sonnenschutz

Urbane Durchlässe in den Flügeln

Wohnungsbau in Hamburg-Hammerbrook, D, 1996

Bauherr: Dieter Becken
Architekten: Hilde Léon und Konrad Wohlhage, mit Suter + Suter, Berlin
Ingenieure: Ralf Bergmann, Lüneburg

Das Gebäude mit 77 Ein- und Zweizimmerwohnungen am Nagelsweg wurde gleichzeitig als städtebauliche Entsprechung zum VTG-Center errichtet und bietet variable Wohngrundrisse. Raumhohe Schiebetüren im Inneren und zum Wintergarten gestatten die individuelle Zonung der Funktionsbereiche. Gegenüber den Treppenhäusern an der Straße befinden sich die einseitig orientierten, breiteren Einzimmerwohnungen, die an den versetzt angeordneten geschlossenen Fassadenfeldern vor den Schlafkojen ablesbar sind.
An jeder Seite schließt eine durchgehende Zweizimmerwohnung an. Zur Straße bilden sie sich gespiegelt als auskragende Baukörper ab.
Die grün schimmernde Glasstein-Fassade aus geschosshohen Fertigteilen verdankt ihre optische Wirkung der um 7,5 cm zurückgesetzten türkis gestrichenen Bekleidung der Wärmedämmung.
Sie ist im Bereich der Badezimmer von Fenstern unterbrochen, so dass sich bei Nacht das Geschehen in den Bädern schemenhaft mitteilt.
Als Sichtschutz und Verschleierung zugleich endet die körperhaft gegliederte Fassade analog zum Bürohaus in einer spitzen Ecke.
Zu diesem Zweck wurden die Glassteine auf Gehrung geschnitten und in Sonderelementen um die Ecke geführt. Stahlrahmen fassen die Ränder der hinterlüfteten transluziden Wandtafeln.

Auf der Gartenseite erscheint das Gebäude sehr transparent. Das Liniennetz der Decken und Wandscheiben, das von den Wandtafeln der Schlafkojen gestört wird, bildet die Schottenbauweise des Rohbaus ab.
Zwei Fassaden, die äußere mit den Decken- und Schottennasen bündig abschließende und die um 1,4 m nach innen gesetzte, bilden eine Pufferzone.
Sie funktioniert als Wintergarten, wird je nach Witterung im Frühling und Herbst Bestandteil der Wohnfläche und lässt sich im Sommer bis auf die feststehende Glasbrüstung mit feststellbaren Flügeln großflächig zur Loggia öffnen.
Die thermische Trennung wurde in der Ebene der inneren Fassade mit ihren isolierverglasten Schiebetüren vollzogen.
Hier sind die vorgefertigten Schottensegmente und Loggiatröge als eigenes Tragwerk mit einer 12 cm dicken Trenndämmung vor den Rohbau gesetzt.
Im Bereich der Schlafkojen sind die Fertigteile innen-, ober- und unterseitig gedämmt.

Wandtafel an der Gebäudespitze

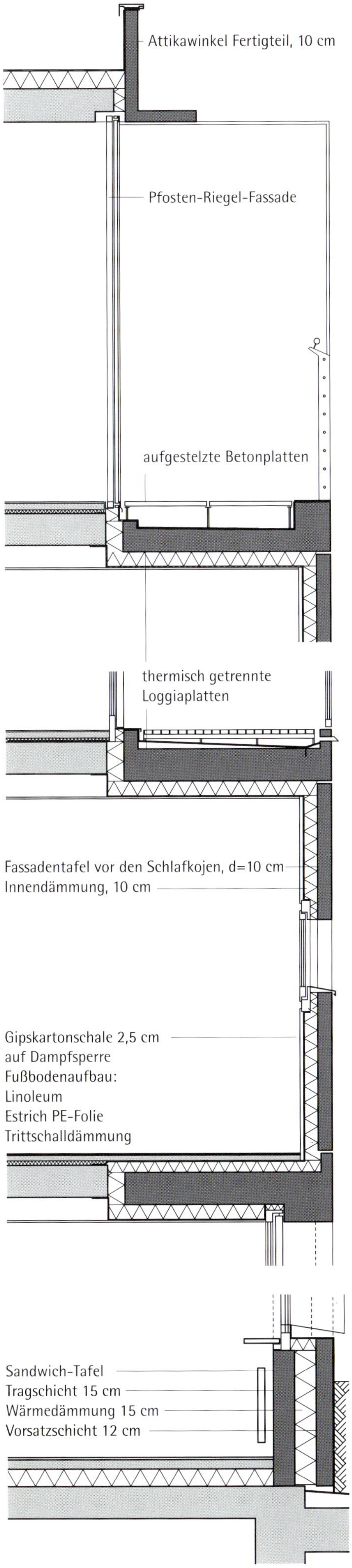

Die Fassadentafeln der Schlafkojen erscheinen beliebig verschiebbar.

Räumliche Organisation einer Einzimmerwohnung mit Wintergarten

Rhythmus und architektonische Ordnung durch die Einschnitte der Treppenhäuser in die Glasstein-Lochfassade

Kunstakademie in Maastricht, NL, 1993

Bauherr:	Staatliche Kunstakademie Maastricht
Architekten:	Wiel Arets, Heerlen
Ingenieure:	Garbowski und Port, Maastricht

Der zweiteilige, durch eine Brücke verbundene Erweiterungsbau der 1970 gegründeten Kunstakademie bildet eine Torsituation an der Westseite des neu angelegten Platzes, dem Herdenkingsplein.

Ziel des Architekten war es, die Ateliers so gut wie möglich natürlich zu belichten, ohne ihre Nutzer zur Schau zu stellen.

Die kubischen Baukörper mit ihren kargen, vorgehängten Fassaden aus mattierten Verbund-Glasbausteinen spiegeln konsequent das angenäherte Quadratraster wider, auf dem auch das tragende Stahlbetonskelett aufbaut.

Aus der Rohbauflucht um 22,5 cm hervorspringende Deckennasen tragen die transluzenten Wandtafeln, in die transparente Sehschlitze mit Lüftungsflügeln integriert sind.

Die Beleuchtung im Inneren bildet den Rohbau schemenhaft ab, hebt die Flächigkeit der Fertigteile auf und steigert die Wirkung der Baukörper.

Bei Dunkelheit sind die Studenten in ihren Ateliers in Umrissen erkennbar.

Um diesen Lichteffekt nachts durchgängig beizubehalten, setzte der Architekt bei der Verwaltung eine nächtliche Sparbeleuchtung durch.

Sowohl der Boden als auch die Decke der Brücke und die begehbare Kellergeschossdecke unter dem aufgeständerten Kubus bestehen aus Glasbaustein-Platten.

Mit minimalistischer Ästhetik und hoher innerer Flexibilität entstand ein starker Kontrast im Kontext der traditionellen Architekturtypologie und urbanen Morphologie.

◀ Die geschosshohen Glassteintafeln sind transportbedingt aus zwei Hälften zusammengesetzt. An den Gebäudeecken kommen Sonderlösungen zum Einsatz.

Torsituation am Herdenkingsplein

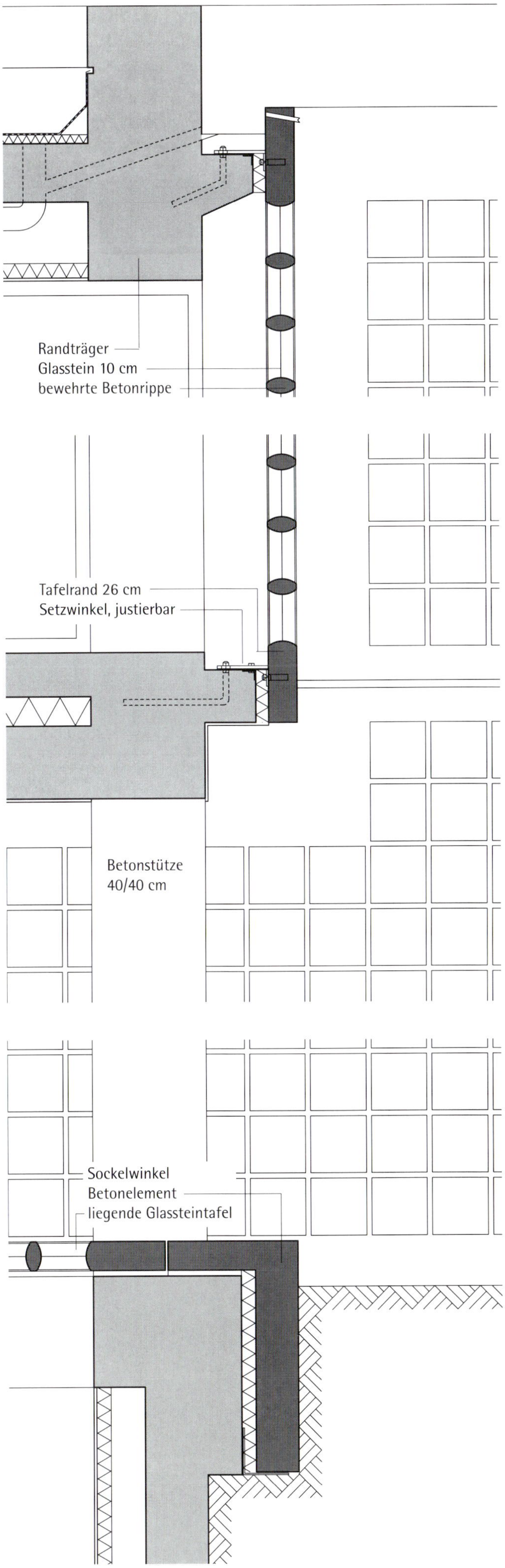

Kontrast des transparenten Seh- und Belüftungsschlitzes zur transluziden Glassteinfläche

Hinter der hell erleuchteten Fassade sind die Studenten und Gegenstände schemenhaft erkennbar.

5.2 Im Skelettbau

Einfamilienhaus in Liestal bei Basel, CH, 1993

Bauherr:	Privat
Architekten:	Fierz & Baader, Basel
Ingenieure:	Cesar Prince, Basel

Der Bauherr wünschte sich ein Haus wie eine Fabrik: konsequent, kompromisslos und in kürzester Zeit bezugsfertig.
Die Architekten antworteten mit einem kombinierten Tragwerk aus Stahl und Holz und einer Hülle in Rippenbauweise aus vorgefertigten Holz/Glas- und Betonelementen.
Dreifeldrige, geschosshohe Rahmen fügen sich passgenau in die Felder das Stahlskeletts mit seiner engen Stützenstellung von 2,15 m ein.
Innen bündig mit den Stahlprofilen abschließend dienen sie den Rahmen der Wandelemente als Anschlag. Punktweise befestigte und hinterlüftete Faserzementtafeln bilden die Wetterhaut vor den teilweise oder komplett geschlossenen Wandfeldern. Es kommt zu einer vollkommenen Durchdringung von Hülle und Skelett.
Die präzise Planung, Vorfertigung und mehrschichtige Montage haben bewiesen, dass ein Gefüge aus Elementen unterschiedlichster Materialien zu einer Einheit zusammenwachsen kann.

Vorgefertigte, dreifeldrige Betonrahmen geben dem Fassadenmodul ein Relief.

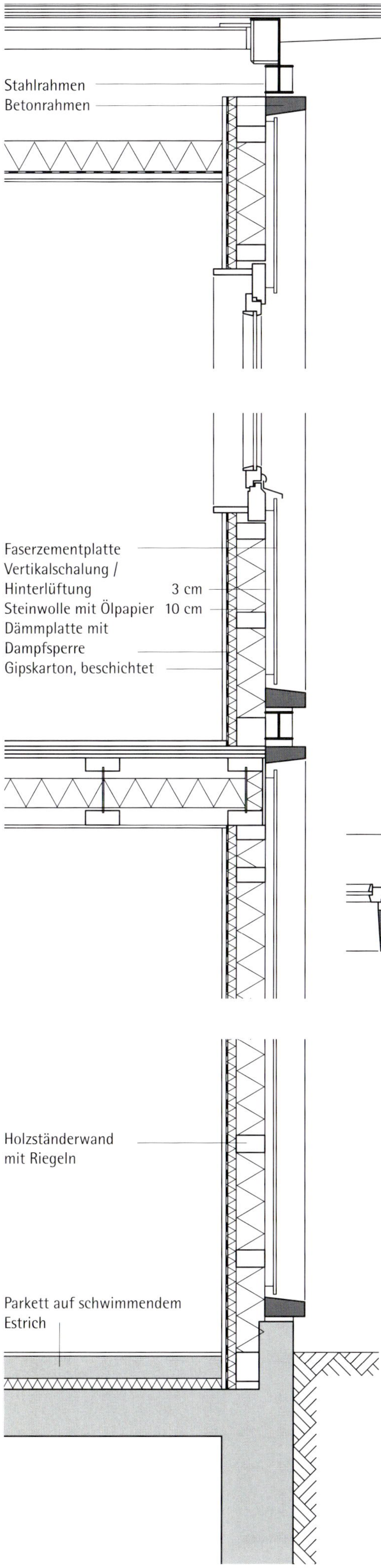

Gefüge der Fertigteile aus Holz, Stahl und Beton

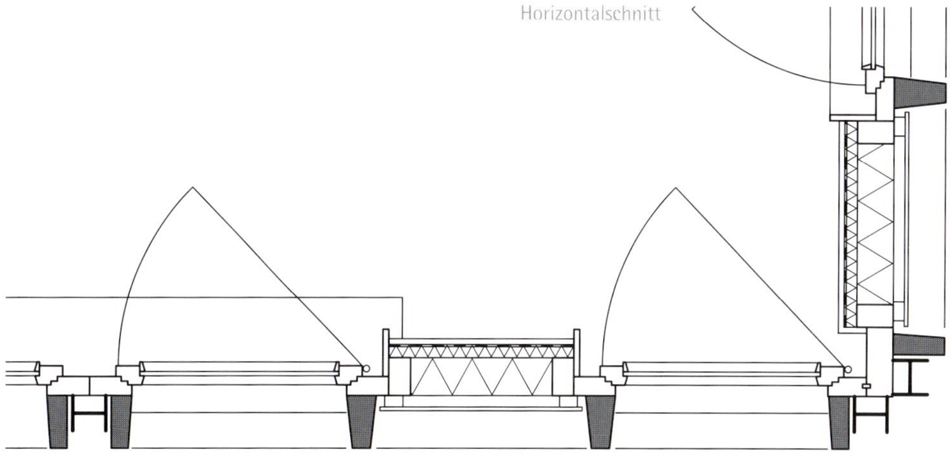

Die Betonrahmen beim Einstellen in das Stahlskelett

5.3 Im Mauerwerksverbund

Finanzamt in Nottingham, GB, 1994

Bauherr: Inland Revenue, Nottingham
Architekten: Michael Hopkins & Partners, London
Ingenieure: Ove Arup and Partners, London

Hinter einem scheinbaren Mauerwerksbau verbirgt sich ein komplettes Fertigteilsystem, dessen Gefüge gestaltbestimmend ist. Die Basis und das Muldenkapitell in Sichtbeton begrenzen die vierseitige Klinkerverblendung der wuchtigen, geschosshohen Fertigteilstützen. Nach oben sich geschossweise verjüngend, tragen sie die tonnenförmigen Deckenelemente, die zwischen den Fassaden spannen.
Sie sind Bestandteil eines ausgeklügelten Klimakonzepts, zu dem die Speichermasse des Betons gehört.
Mit 13,6 m Länge und 3,2 m Breite ergeben sich über 40 m^2 große Fertigteile, deren Dicke zwischen 12,5 und 28 cm variiert.
Tiefe Schattenfugen gliedern die Untersicht in gleich breite Felder, die zur Gebäudemitte mit zylinderförmigen, in die Masse integrierten Deckenleuchten ausgestattet sind. Die Untersichten der Deckenelemente wurden zur farblichen Abstimmung mit den anderen Materialien und zur Verbesserung der Tageslichtführung weiß geschlämmt.
Sie durchdringen die innen liegende Glasebene und schieben sich mit den vorspringenden Randkonsolen bündig in das Muldenkapitell der Stützen. Dem filigranen Dachgeschoss verhelfen die Deckenelemente durch eine schirmartige Auskragung zum Überstand. Den dunklen Grundton der Ziegelpfeiler durchdringen die wellenartigen Deckenränder aus hellem Sichtbeton. Das Gebäude stellt sich wie ein Demonstrativbauvorhaben dar, das die Logik des Fügens von tragenden und getragenen Bauteilen wie auch die Gesetzmäßigkeiten der Kräfte und Lastabtragung veranschaulicht.

Die Ablesbarkeit von tragenden und getragenen Bauteilen

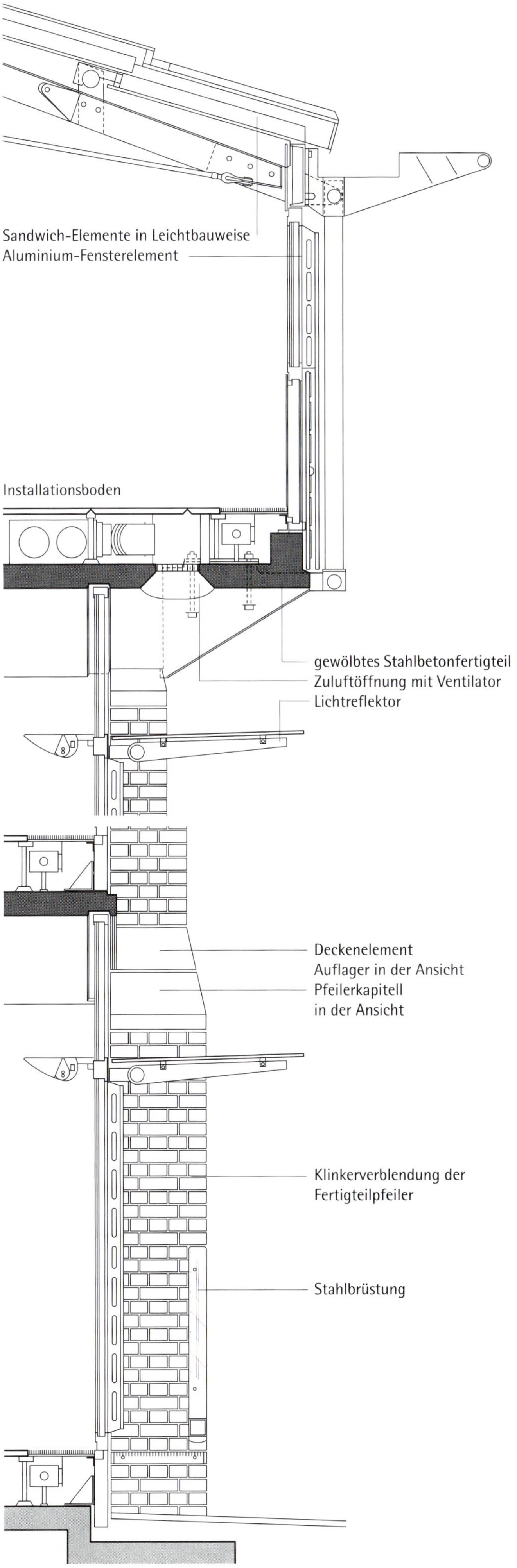

Wirkung der Lichtlenkung im Büroraum

Aufsetzen der Deckenelemente auf die Pfeiler

Fassadenrhythmus in einem der Innenhöfe

5.4 Im Mauerwerksbau

Im Mauerwerksbau können Betonfertigteile als geschossweise Abfangung, Attika, Sturz, Fensterbank, Öffnungsgewände und Sockel erscheinen.

Für alle lastabtragenden Funktionen in einer Verblendschale sind sie mit der tragenden Wand so zu verbinden, dass Wärmebrücken vermieden werden.

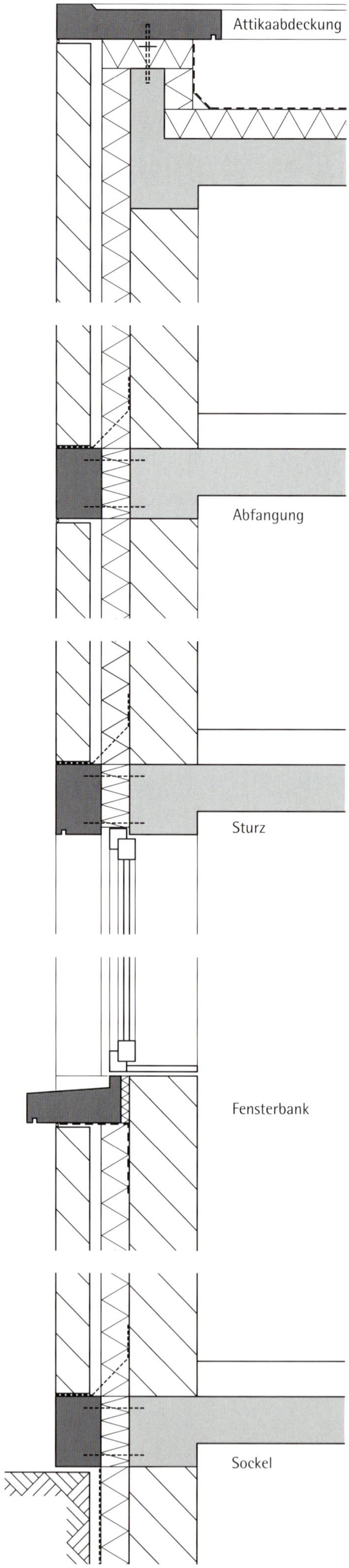

Studentenwohnheim in Weimar, D, 1998

Bauherr:	Studentenwerk Weimar
Architekten:	Karl-Heinz Schmitz, Weimar
Ingenieure:	Hennicke + Kusch, Weimar

Bildnachweis zu Kapitel „Komplementäre Bauteile"

S. 80	Jean Marie Monthiers, Paris
S. 81	Olivier Wogenscky, Paris
S. 82-83	Linus Linthne, Berlin
S. 84-85	Klaus Frahm, Berlin; Christian Richters, Münster; Verlag Bau+Technik, Düsseldorf
S. 86-89	Gerhard Praßer, Köln
S. 90-91	Martine Hamilton Knight, London
S. 92	Claus Bach, Weimar

6 Fertigung

6.1 Einflussfaktoren auf den Entwurf

Unterschiedliche Gestaltungsabsichten, die Standsicherheit sowie die Anforderungen des Wärme-, Schall- und Brandschutzes beeinflussen den Entwurf und die Verwendung einer Fassade aus Betonfertigteilen (Tafel 6.1).

Tafel 6.1: Einflüsse der Funktionen auf Baustoffe und Bauteile von Fertigteilkonstruktionen

	Gestaltung	Stand-sicherheit	Wärmeschutz	Feuchteschutz	Schallschutz	Brandschutz
Vorsatzschicht	X	X		X	X	X
Hinterlüftung				X		
Wärmedämmschicht			X	X		X
Dampfsperre				X		(X)
Tragschicht		X		X	X	X
Fugen	X		X	X	X	X

6.2 Standsicherheit

Der Standsicherheitsnachweis umfasst die Fassade insgesamt, ihre einzelnen Teile einschließlich der Verankerungs- und Befestigungsmittel und die Weiterleitung der Lasten in den anschließenden Bauteilen. Es kommen vor allem in Betracht

vertikale Lasten, vorrangig
- Eigenlasten

horizontale Lasten wie
- Wind (Druck und Sog)
- Holmenlasten (z.B. bei Brüstungen)
- Einzellasten
- Anpralllasten (z.B. bei Brüstungen in Parkhäusern)

Rückstellkräfte aus Momenten
- z.B. durch Außermittigkeiten der Auflagerung der Vorsatzschicht sowie

Sicherungsmaßnahmen für Transport- und Montagezustände, ggf. auch für Erdbeben, und der Nachweis, dass die durch die Temperatur bedingten Maßänderungen, z.B. Dehnungen, ohne schädliche Folgen (Verformung und Risse) für die Fertigteile und die Verankerungen bleiben.

6.3 Produktionseinrichtung

Die hohen Anforderungen, die hinsichtlich Ästhetik und Gebrauchstüchtigkeit an Fassaden gestellt werden müssen, lassen sich nur mit darauf abgestimmten Produktionseinrichtungen, Produktionsverfahren und Baustoffqualitäten sicher erfüllen. Zu den Produktionseinrichtungen gehören nicht nur die Formen (Schalungen), in denen der Beton erhärtet, sondern auch die Geräte und Einrichtungen zum Lagern und Abmessen der Betonbestandteile, zum Mischen, Transportieren, Einbringen und Verdichten des Betons, zum Ausheben, Transportieren und Lagern der fertigen Teile sowie zur Bearbeitung und nachträglichen Behandlung der Betonoberflächen, die als Sichtflächen am fertigen Bauwerk in Erscheinung treten sollen. Eine unbedingte Voraussetzung ist auch das werkseigene Labor, in dem Eignungs- und Überwachungsprüfungen durchgeführt werden. Als selbstverständlich gilt, dass eine kontinuierliche Produktion nur in witterungsgeschützten Hallen erfolgen kann.

Der gesamte Produktionsprozess wird durch eine unabhängige dritte Stelle (z.B. Güteschutzorganisationen des Bund Güteschutz Beton- und Stahlbetonfertigteile e.V.) überwacht und zertifiziert.

Zeichen des Übereinstimmungszertifikats der Ländergüteschutzgemeinschaften des BGB

6.4 Formenbau

Die handwerkliche Qualität im Formenbau ist die Voraussetzung für eine Oberflächengüte und Maßgenauigkeit der Fertigteile.

Ein- und mehrschichtige Wandtafeln werden direkt auf den Rütteltischen geschalt. Sie bestehen aus einem robusten Stahlträgerrost, der mit einer, häufig als Schalfläche genutzten Stahlplatte beplankt ist.

Unterseitig angeordnete elektrische oder pneumatische Vibratoren versetzen diese ortsfesten oder versetzbaren Tische in stumpfe Schwingungen und lösen damit die Verdichtung des Betons aus. Eine Beheizung zur Beschleunigung des Abbundvorgangs ist möglich. Die maximal 4 x 10 m großen Fertigungsböden können auch hydraulisch oder mit Kranhaken gekippt werden.

Entscheidend ist die richtige Wahl der komplementären Schalungsmaterialien, die vom Wiederverwendungsfaktor, der Umrüstbarkeit, der Belastbarkeit und dem Standvermögen unter Feuchtigkeits- und Wärmezufuhr abhängt.

Reliefoberflächen werden durch Auflegen von Gummi-, Kunststoffmatrizen oder individuell angefertigten Negativen aus Sili-

konpolymeren, Polyurethan-Hartschaumplatten aber auch Holzwerkstoffen hergestellt.

Stahlbleche zeichnen sich durch die glatten Oberflächen und die Langlebigkeit aus. Sie eignen sich für:

- die Serienfertigung,
- die Einzelfertigung in variablen Geometrien eines Basiselements und
- den Bau von komplizierten Großformen zur Herstellung stark plastischer Fertigteile.

Kunststoffbeschichtete Sperrholzplatten lassen sich leicht passgenau zuschneiden.

Verstärkt mittels Stahlrahmen halten die mindestens 16 mm dicken Platten als Seitenschalungen den Resonanzen und dem damit einhergehenden Verformungsdruck beim Rütteln stand.

Besondere Sorgfalt verdienen die Verschraubungen und Verschweißungen der Haltevorrichtungen mit dem Rütteltisch, um die absolute Unverschieblichkeit des Schalungskörpers zu gewährleisten.

Zur Vermeidung des Austritts von Zementleim und der daraus resultierenden, optisch störenden Freilegung des Granulats müssen die Schalungsfugen abgedichtet sein.

Dreikantleisten in den Kehlen verhindern die Gratbildung und reduzieren die Gefahr des Ausbrechens der Ecken beim Ausschalen. Die Schalflächen werden vor dem Betonieren mit Trennmittel versehen, um einen Haftverbund mit dem Beton auszuschließen. Nach dem Ausschalen erfolgt eine gründliche Reinigung der Form, insbesondere der Rostflächen bei Stahlschalungen.

Ebenso wichtig wie der dichte, maßgerechte und stabile Formenbau ist die Vorbereitung der Schalung für das Betonieren sowie deren Reinigung nach dem Ausschalen der fertigen Betonelemente. Die Vorbereitung der Schalung zum Betonieren erfolgt durch Aufbringen von Trennmitteln. Diese sollen die Haftung zwischen Schalung und Beton verhindern und ein einwandfreies Ausschalen ermöglichen sowie Schäden an den Betonoberflächen und der Schalung selbst verhindern. Trennmittel sollen dünn und gleichmäßig aufgetragen werden, um Verfärbungen der Betonflächen zu verhindern.

6.5 Bewehrung

Eine ausreichende Betondeckung der Bewehrung spielt für die Dauerhaftigkeit von Fassaden eine entscheidende Rolle. Die Sicherung der Lage der Bewehrung während des Betonierens erfolgt i.d.R. durch in ausreichender Anzahl angeordnete Abstandhalter. Hinweise hierzu enthalten z.B. die Merkblätter „Betondeckung" und „Abstandhalter" des Deutschen Beton- und Bautechnik-Vereins, Berlin, und die entsprechenden Zement-Merkblätter des Bundesverbandes der Deutschen Zementindustrie, Köln. Von der vorgesehenen Ausprägung der Vorsatzschale hängt es ab, welche Art Abstandhalter verwendet werden kann. Es empfiehlt sich, diese Fragen zwischen Planer und Hersteller abzustimmen, damit die Abstandhalter in der Betonfläche später nicht störend in Erscheinung treten.

6.6 Beton

Zur Herstellung des Betons stehen den Fertigteilwerken stationäre Betonmischanlagen zur Verfügung, die durch eigene Labors (Betonprüfstelle E) überwacht werden. So ist es möglich, die jeweils geeigneten Betonzusammensetzungen festzulegen und während der Produktion ständig zu überprüfen. Bei der Prüfung der angelieferten Baustoffe wird besonders auf Gleichmäßigkeit geachtet, dennoch können rohstoff- und herstellungsbedingte Streuungen bereits leichte Unterschiede in der Tönung der Betonelemente hervorrufen. Gravierender sind die Auswirkungen bei Farb- oder Strukturschwankungen (Körnungen) des Zuschlags.

Die Einhaltung eines gleichmäßigen Wasserzementwertes ist für die Qualität besonders wichtig. Vorsatzschichten mit ausgesuchten Zuschlägen werden in ca. 3 bis 4 cm Dicke, je nach Körnungsgröße, in die Formen eingebracht. Aus der Herstelltechnik ergibt sich, dass dieses Verfahren i.A. nur einseitig flächig angewendet wird.
Bei zweiseitig anzuordnenden Vorsatzschichten kann die zweite Seite aus vorfabrizierten Elementen oben aufgesetzt und durch Einrütteln sicher befestigt werden. Mehrseitig – bis zu vierseitig – bearbeitete Oberflächen erfordern, dass das Material massiv das komplette Element als statisch tragender Querschnitt ausfüllt. Bei der Wahl der Zuschläge muss auf die Witterungsbeständigkeit (z.B. Frostbeständigkeit) geachtet werden.
Der Betontransport erfolgt in Fertigteilwerken auf kurzem Weg, eine Beeinträchtigung der Qualität des Frischbetons ist damit ausgeschlossen. Das Einbringen und Verteilen des Betons ist ebenfalls unproblematisch, da es i.d.R. in liegenden Formen mit geringer Betonschütthöhe geschieht. Zum Verdichten werden Außenrüttler verwendet, die die gesamte Form zum Schwingen bringen. Bei komplizierten Elementformen werden zusätzlich Innenrüttler eingesetzt, um eine gleichmäßige Betonverdichtung im gesamten Element zu erreichen. Neuere betontechnologische Entwicklungen z.B. Selbstverdichtender Beton (SCC) lassen eine Änderung dieser Produktionstechniken erwarten.
Anschließend wird der Beton an der Einfüllseite eben abgezogen und je nach Anforderung des Leistungsverzeichnisses abgerieben, geglättet oder profiliert. Der Beton erhärtet in der Form und kann bei der Verwendung von früh- und hochfesten Zementen i.d.R. bereits am folgenden Tag ausgeschalt und eingelagert werden.
Der junge Beton hat zu diesem Zeitpunkt noch nicht seine Endfestigkeit erreicht und ist empfindlich gegen Wärme, Kälte, Wind, Niederschläge, chemische und mechanische Angriffe. Die Sichtbetonflächen müssen deshalb gegen Witterungseinflüsse geschützt werden. Dies geschieht heute i.A. mit Schutzfolien oder Schutzplanen. Dabei ist darauf zu achten, dass sie die Betonflächen zwar umschließen, aber nicht berühren, weil sich die Berührungsflächen farblich anders einstellen.
Bei der Lagerung der Elemente ist außerdem darauf zu achten, dass sich keine ungewollten Verformungen oder mechanischen Beschädigungen, Beeinflussungen der Sichtbetonflächen (durch Lagerungsunterstützungen, unvollständige Abdeckung und partielle Bewitterung) oder Verschmutzungen ergeben. Bei Sandwichtafeln muss das Eindringen von Regenwasser in den Zwischenraum von Vorsatz- und Tragschicht verhindert werden, z.B. durch aufgeklebte Folien.

Bildnachweis zu Kapitel „Fertigung"

S. 94 Michel Moch, Paris
S. 95 Marius Dittrich, Aachen; Peri GmbH, Weißenhorn

7 Oberflächenausbildung

Die Ansichtsfläche eines erhärteten Betons ist das Spiegelbild der verwendeten Schalung; sie lässt Merkmale der Gestaltung und der Herstellung erkennen. Eine Ansichtsfläche gilt als gestaltet, wenn im Voraus vereinbarte Forderungen an ihre Beschaffenheit erfüllt und die gewünschte optische Wirkung erreicht werden. Die Ansichtsfläche ist für die architektonische Wirkung der Bauwerke und der Bauteile bestimmend (Struktur, Farbe). Die werksmäßige Herstellung von Betonfertigteilen für Fassaden bietet vielfältige Möglichkeiten zur gezielten Ausbildung der Sichtbetonflächen.

7.1 Grundsätze der Gestaltung

Beton, der nach dem Entschalen unbearbeitet bleibt, zeigt an seinen Ansichtsflächen eine aus Zementstein und überwiegend feinem Zuschlag gebildete Mörtelschicht.
Fehler, die im Schalungsaufbau, in der Auswahl der geeigneten Schalhaut und/ oder bei der Verarbeitung der Schalung gemacht werden, führen zu Mängeln in der gewünschten Oberflächenqualität. Das gilt auch für die Anordnung von Fugen, Versprüngen, Strukturwechseln und u.U. auch Schalungsankern.
Bei der Auswahl der geeigneten Schalungssysteme sind folgende grundsätzliche Unterschiede zu beachten:

Saugende Schalungen, z.B.:
- naturbelassene Bretter, Bohlen und unbeschichtete Tafeln,
- präparierte Tafeln mit gewissem Saugeffekt und
- textile Schalungsbahnen

ermöglichen den Entzug von Luft und/ oder Überschusswasser aus den Betonrandzonen und gewährleisten damit (fast) lunkerfreie Ansichtsflächen.

Nicht saugende Schalungen, z.B.:
- kunststoffbeschichtete oder -getränkte Tafeln,
- Stahl / Blech und
- Kunststoffe

ermöglichen die Herstellung nahezu spiegelglatter, aber wegen ihres Unvermögens, Luft bzw. Überschusswasser abzuführen, nicht porenfreier Oberflächen.
Je nach gewünschter ästhetischer Wirkung oder zur Erfüllung von Forderungen, die sich aus der späteren Nutzung ergeben, werden unterschieden:
- mit Schalhaut gestaltete Betonflächen (DIN 18217, Abschn. 2.3.2.),
- nachträglich bearbeitete Betonflächen (DIN 18217, Abschn. 2.3.3.),
- nachträglich behandelte Betonflächen (DIN 18217, Abschn. 2.3.4.) und
- Betonflächen mit technischen Anforderungen (DIN 18217, Abschn. 2.4.).

7.2 Mit Schalhaut gestaltete Betonflächen

Betonflächen können durch den Einsatz individuell gestalteter Schalhäute ein besonderes Aussehen erhalten. Dazu können z.B. verwendet werden:
- raue Bretter,
- gehobelte oder geflammte Bretter/Leisten,
- gespundete Bretter und
- Strukturschalungen.

Das zu erwartende Ergebnis der Sichtfläche hängt vom verwendeten Material sowie der Anordnung der Fugen und Schalungsanker ab. Detaillierte Angaben sollten hierzu in den Schalwerkplänen gemacht werden.

Glatte Schalung

Die glatte Schalung ergibt eine glatte, aber nicht vollständig geschlossene Oberfläche. Die nicht saugende Oberfläche der Schalung aus Stahl oder Kunststoff begünstigt die Wasseransammlung an der Betonoberfläche und damit, auch bei sachgemäßer Verdichtung, die Bildung von kleinen Lunkern und flächigen Verfärbungen (Bild 7.1).

Raue Brettschalung

Eine raue Brettschalung spiegelt die Brettstruktur wider. Je nach Saugfähigkeit des Holzes, (unterschiedliche) Hydratation des Zementes durch Holzinhaltsstoffe, Lagerung, Holzstruktur und/oder Holzfeuchte entstehen helle (kein Saugvermögen) bis dunkle (hohes Saugvermögen) Verfärbungen. Beim Schalungsaufbau ist daher auf gleiche Holzqualität zu achten. Je nach Brettabstand untereinander entstehen mehr oder weniger breite Schalungsgrate. In den Betonflächen bleiben vereinzelt Holzspäne hängen (Bild 7.2).

Gehobelte oder geflammte Schalung

Diese Schalungsarten ergeben zum einen eine gleichmäßigere glatte Betonoberfläche (gehobelt) oder heben die Holzstruktur weiter hervor (geflammt). Äste zeichnen sich deutlicher ab.

Gespundete Schalung

Sie verhindert das Austreten von Zementleim bzw. -mörtel. Grate werden vermieden.

Strukturschalung

Die Strukturschalung ermöglicht die Sichtflächengestaltung mittels vorgefertigter Schalungsmatrizen zumeist aus Kunststoff (Bilder 7.3 und 7.4).

Fugen

Fugen entstehen an Stößen der einzelnen Schalelemente. Sie sind in die Planung mit einzubeziehen. Sowohl Arbeits- als auch Scheinfugen können z.B. als Gestaltungsmerkmal besonders hervorgehoben, durch Verwendung von Trapezleisten in Schattenzonen verlegt oder durch andere gestalterische Maßnahmen kaschiert werden.

Bild 7.1: Glatte Betonfläche, Betoplanschalung, grauer Zement

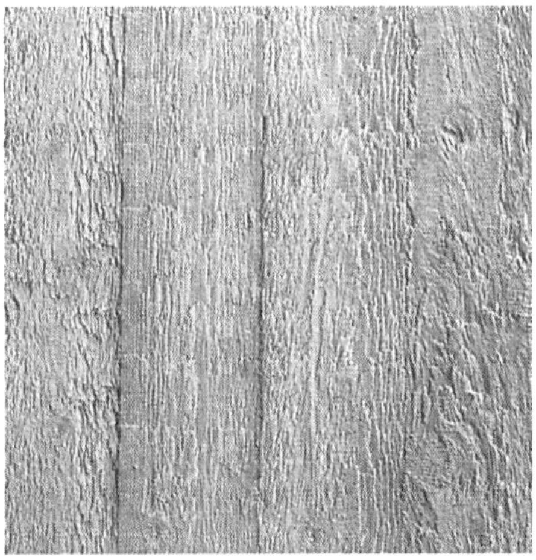

Bild 7.2: Raue Betonoberfläche, sägeraue Brettschalung, grauer Zement

7.3 Nachträglich bearbeitete Betonflächen

7.3.1 Möglichkeiten der Bearbeitung

Die Bearbeitung erfolgt entweder vor dem Erhärten des Betons, z.B. durch
- Auswaschen der obersten Zementschicht zum Hervorheben der groben Kornstruktur der Zuschläge (Waschbeton) (Bild 7.5).
- späteres Auswaschen verzögerter Betonoberflächen; so ergeben sich feinere Strukturen (Feinwaschen) (Bild 7.6).

oder nach dem Erhärten des Betons z.B. durch:
- Strahlen mit festen Strahlmitteln (Sandstrahlen) zum Entfernen des oberflächennahen Feinmörtels, Öffnen der Poren, Freilegen des Betonaufbaus (Bild 7.7),
- Stocken, Spitzen, Scharrieren oder Bossieren zum Erzeugen steinmetzmäßiger Effekte von Hand oder maschinell (Bilder 7.8, 7.9, 7.10, 7.11),
- Sägen, Brechen (Bilder 7.12, 7.13),
- Schleifen und Polieren zum Erzeugen terrazzoartiger Flächen (Bilder 7.14, 7.15),
- Absäuern, Fluatieren (Bild 7.16),
- Flammstrahlen (Bild 7.17).

Bei bearbeiteten Betonoberflächen kommen die Eigenfarben der groben und feinen Bestandteile des Zuschlags zusammen zur Wirkung. Die gezielte Auswahl des Zuschlags, z.B. Granit, Kalkstein (Bild 7.11), Porphyr (Bild 7.6) oder Quarz (Bild 7.7) sowie die Kornformen Kies - rund (Bilder 7.5, 7.9 und 7.17) oder Splitt - eckig, ergeben unterschiedliche Farbigkeiten und Strukturwirkungen.

7.3.2 Verwendung farbiger Betonmischungen

Sowohl für unbearbeitete als auch für bearbeitete Betonflächen bietet sich das dauerhafte Einfärben des Frischbetons an. Hierfür können verwendet werden, z.B.:
- bestimmte Zemente für besondere Farbwirkungen: Portlandzemente – dunkleres Grau (Bilder 7.2, 7.5, 7.8, 7.9, 7.14 und 7.18) und Weiß (Bilder 7.6, 7.7, 7.12 bis 7.18), Portlandhüttenzemente – helleres Grau (Bilder 7.1, 7.3, und 7.11), Portlandölschieferzement – rötliches Braun (Bild 7.4)
- verschiedene Farbpigmente für unterschiedliche Farbtöne: Eisenoxid - Braun / Gelb (Bild 7.18) / Rot / Schwarz, Cromoxid / Cromoxidhydrat - Grün, Kobalt-Aluminium-Cromoxid - Blau

Die Einfärbung des Betons ist dauerhaft und witterungsbeständig. Bei Verwendung

Bild 7.3: Strukturierte Betonoberfläche, Reckli-Strukturschalung Nr. 2/23 Alster, grauer Zement

Bild 7.4: Strukturierte und raue Betonoberfläche, Reckli-Strukturschalung Nr. 1/21 Malta und sägeraue Brettschalung, Portlandölschieferzement

Bild 7.5: Ausgewaschene Betonoberfläche, farbiger Zuschlag mit rundem Korn, grauer Zement

Bild 7.6: Feingewaschene Betonoberfläche, Rheinsand und Porphyr 0-16 mm, weißer Zement, 1 % Eisenoxidrot

Bild 7.7: Gestrahlte Betonoberfläche, Singhofener Quarzit 0-16 mm, weißer Zement, 0,2 % Eisenoxidgelb

Bild 7.8: Gestockte Betonoberfläche, heller und dunkler Zuschlag, grauer Zement

von grauem Zement wirken die Farbtöne gedeckter und dunkler, bei weißem Zement dagegen heller und reiner. Leichte Oberflächenprofilierungen und -bearbeitungen lassen die Farbigkeit insgesamt besser zur Wirkung kommen. (Bilder 7.6, 7.7 und 7.18)

7.3.3 Fassadentafeln aus Betonwerkstein

Die Verkleidung von Fassaden mit Werksteintafeln aus Beton bietet ein breites Spektrum für die architektonische Gestaltung von Bauwerken. Unterschiedlichste Farben und Strukturen sind durch die spezielle Auswahl der Betonbestandteile (Zement, Zuschlag, Farbpigmente) und die

Bild 7.9: Gespitzte Betonoberfläche, Rheinkies, grauer Zement

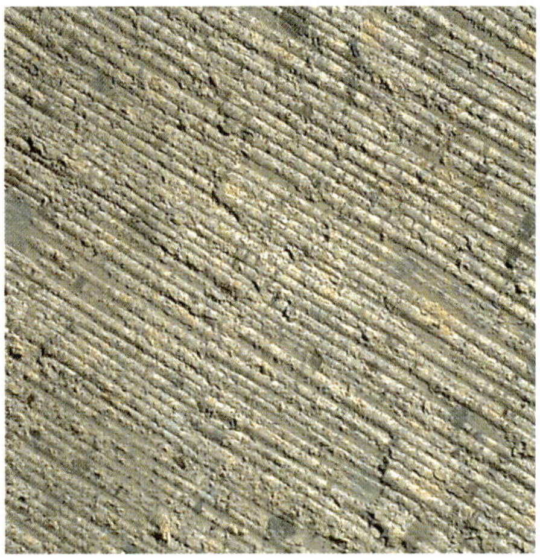

Bild 7.10: Scharrierte Betonoberfläche, farbiger Zuschlag, grauer Zement

Bild 7.11: Bossierte Betonoberfläche, Kalksteinzuschlag, grauer Zement

Bild 7.12: Gesägte Betonoberfläche, eingefärbt, weißer Zement

Bild 7.13: Gespaltene Betonoberfläche, heller Zuschlag, weißer Zement

Bild 7.14: Geschliffene Betonoberfläche, heller und dunkler Zuschlag, grauer und weißer Zement

Bild 7.15: Polierte Betonoberfläche, heller und dunkler Zuschlag, weißer Zement

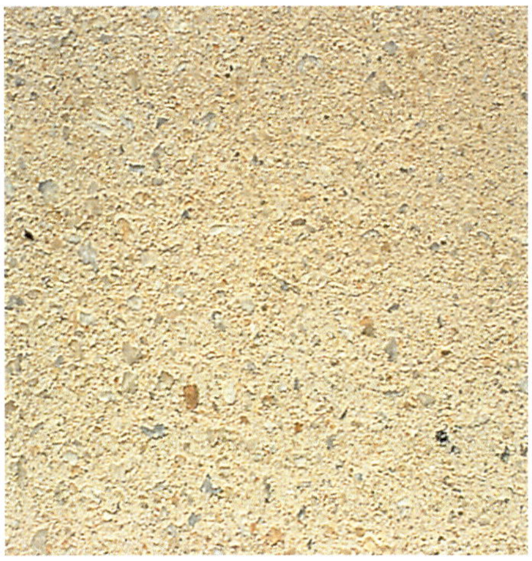

Bild 7.16: Abgesäuerte Betonoberfläche, heller Zuschlag, weißer Zement, 0,2 % Eisenoxidgelb

Bild 7.17: Flammgestrahlte Betonoberfläche, Rheinkies 0-16 mm, weißer Zement, 3 % Titandioxid

nachträgliche Bearbeitung der Oberfläche möglich.
Aus homogenem Blockbeton der Güteklasse B 55 wird der hochwertige Betonwerkstein im Vakuum-Pressverfahren nach DIN 18 500 hergestellt. Er wird in einem Block geschüttet und nach dem Aushärten in Rohtafeln verschiedener Stärken aufgegattert. Ihre Oberflächen werden anschließend bearbeitet, z.B. gestrahlt, mit unterschiedlichen Feinheitsgraden geschliffen oder poliert. Danach werden die Tafeln auf das gewünschte Format geschnitten. Durch die Bearbeitung kommen die Zuschläge, vor allem Marmor- und Kalksteingranulate, in ihrer Strukturform und Eigenfarbigkeit zur Wirkung.
Fassadentafeln aus Betonwerkstein werden mittels Ankersystemen aus nicht rostendem Stahl am Bauwerk montiert. Durch nachträgliche Behandlung können die Oberflächen z.B. gegen Verschmutzung zusätzlich geschützt werden (Bild 7.14, Tafel 7.1).

7.4 Nachträglich behandelte Betonflächen

Da Witterung und Luftverschmutzung das Aussehen der Betonflächen beeinträchtigen können, werden
- hydrophobierende Imprägnierungen

Bild 7.18: Durchgefärbter Beton, 0,3 % Eisenoxidgelb, weißer Zement und 2 % Eisenoxidbraun, grauer Zement

Bild 7.19: Betonoberfläche mit transparenter Farblasur, Mineralfarbe

Bild 7.20: Betonoberfläche mit deckender Beschichtung, Acrylharzfarbe

und als zusätzliches Mittel der Gestaltung
- Lasuren (farblos, farbig) und
- Beschichtungen

verwendet, um das Eindringen von Feuchtigkeit, Schmutz und sonstigen Schadstoffen zu verhindern. Die zu verwendenden Farben sind dabei stets auf den speziellen Untergrund Beton abzustimmen.

Für Anstriche kommen vor allem an der Luft oder hydraulisch erhärtende Mineralfarben, Silikatfarben, Kunststoffdispersionsfarben oder Polymerisatharzfarben in Frage. Die Anforderungen, die an Farbanstriche gestellt werden müssen, sind umfangreich. Sie beruhen auf den Festlegungen der DIN 55 945. Von Anstrichen, die auf eine Betonfläche aufgebracht werden sollen, wird u.a. gefordert:
- Beständigkeit gegen alkalische Einwirkungen aus dem Beton,
- gute Haftung auf dem Beton,
- guter Verbund innerhalb des Anstrichsystems,
- Beständigkeit gegen Witterungseinflüsse,
- u.U. Beständigkeit gegen Industrieatmosphäre und/oder gegen im Wasser gelöste Stoffe,
- Überstreichbarkeit mit dem gleichen Anstrich,
- Licht- bzw. UV-Beständigkeit,
- geringe Neigung zu Verschmutzung,
- ausreichende Wasserdampfdurchlässigkeit,
- u.U. Widerstand gegen fließendes Wasser und
- u.U. Wasch- oder Scheuerbeständigkeit.

Die nachträgliche Behandlung von Betonflächen sollte daher immer gem. DAfStb-Richtlinie für Schutz und Instandsetzung von Betonbauteilen, Teil 2/1990, Abschn. 4, geplant werden. Bei der Wahl eines Anstrichs ist zu berücksichtigen, dass dieser von Zeit zu Zeit erneuert werden muss.

7.4.1 Hydrophobierende Imprägnierungen (OS-1 / OS-A)

Imprägniermittel verhindern, zeitlich begrenzt, das Eindringen von Feuchtigkeit in die oberflächennahe Betonschicht. Damit wird einer frühen Verschmutzung der Betonfläche vorgebeugt. Regen perlt von der Fläche ab. Das Aussehen des entschalten Betons wird nicht verändert.

Für die konstruktive Planung ist zu berücksichtigen, dass Imprägniermittel unter Umständen das Eindringen von Schadstoffen begünstigen können. Außerdem ist zu beachten, dass sie durch Abwitterung mit der Zeit an Wirksamkeit verlieren und deshalb in bestimmten Zeitintervallen erneuert werden müssen, wenn die geplante Wirkung am Bauwerk erhalten bleiben soll.

7.4.2 Lasuren (OS-2)

Lasuren können farblos oder farbig in mehreren jeweils nur leicht pigmentierten Schichten aufgebracht werden. Die Schichtdicke beträgt jeweils höchstens 50 µm. Es ist möglich, mit gezielten Pigmentierungen Korrekturen an Farbschwankungen des Betons auszugleichen, ohne die optische Wirkung der Oberflächenstruktur zu beeinträchtigen. Lasuren ergeben je nach ihren Grundstoffen matte oder glänzende Oberflächen. Sie sind durch Verkieselung an der Betonoberfläche auf Dauer witterungsbeständig. Bei Verwendung von Lasuren werden Fugen und ggf. oberflächig geschlossene Ankerlöcher unter Umständen durch die unterschiedlichen Materialoberflächen etwas mehr hervorgehoben (Bild 7.19).

7.4.3 Beschichtungen

Beschichtungen können nach ihrem Aufbringen starr oder elastisch zum Zweck der Rissüberbrückung (Risse mit Weiten bis 0,2 mm) auftrocknen.

Starre Beschichtungen (OS-2 / OS-B) haben eine Schichtdicke von ca. 80 µm. Sie passen sich den Konturen des Untergrundes an, Poren der Betonfläche bleiben offen. Beschichtungsstoffe auf Acrylatbasis behindern das Eindringen von Schadstoffen in den Beton. Neben glänzend auftrocknenden Systemen gibt es auch Erzeugnisse, die mit ihren matten Oberflächen für Farbgestaltungen auf Beton besonders geeignet sind (Bild 7.20).

Elastische Beschichtungen (OS-5 / OS-D) haben eine Schichtdicke von ca. 300 µm. Feine Konturen im Untergrund, z.B. Brettstrukturen, werden überdeckt und sind i.d.R. nicht mehr erkennbar. Bedingt werden Poren geschlossen. Risse unter 0,2 mm Breite im Untergrund werden dauerhaft überbrückt. Fugen sind nur beim Einsatz elastischer Beschichtungen und dann auch nur bedingt zu kaschieren. Bei Verwendung von starren Beschichtungen werden sie deutlicher hervorgehoben. Dies gilt ggf. auch für oberflächig geschlossene Ankerlöcher.

7.5 Betonflächen mit technischen Anforderungen

Betonflächen mit technischen Anforderungen sind Flächen, die technische Funktionen zu erfüllen haben und/oder die Nachfolgegewerken als Unterlage dienen (z.B. „tapezierfähiger Beton"). Hierzu werden i.d.R. glatte, porenarme Oberflächen benötigt. Zu erzielen sind diese durch den Einsatz großflächiger Schaltafeln aus
- naturbelassenen Tafeln,

Tafel 7.1: Musterübersicht

Die Zusammenstellung von beispielhaften Oberflächenmustern stellt eine Auswahl aus den vielfältigen Herstellungsmöglichkeiten dar. Damit sollen Anregungen bezüglich der Farben, Strukturen und Oberflächenausführungen gegeben werden. Durch Variationen in Zementen, farbigen Körnungen, Farbpigmenten sowie nachträglichen Bearbeitungen und Behandlungen sind weitere Ausführungen relativ leicht zu realisieren. Geringe Farbabweichungen können sowohl durch die natürlichen Zuschläge und die verwendeten Zemente als auch durch die drucktechnische Wiedergabe in dieser Tafel entstehen.

- kunststoffbeschichteten Tafeln oder
- textilen Schalungsbahnen

sowie eine besonders sorgfältige Zusammensetzung und Verarbeitung (Einbringen, Verdichten, Nachbehandeln) des Betons. Die Gestaltung der Flächen ergibt sich unmittelbar aus der jeweiligen technischen Anforderung.

7.6 Witterungsverhalten

Beim Entwurf von Fassaden aus Betonfertigteilen sollte, wie bei allen anderen Bauaufgaben auch, das Alterungsverhalten

der Bauteile und das Verhalten in der Witterung beachtet werden. Zum Teil gibt es baustoffspezifische Aspekte, die bestimmte Detaillösungen erfordern. Voraussetzung für eine dauerhafte Ansehnlichkeit von Bauwerken ist die Berücksichtigung der im Laufe der Zeit zwangsläufig auftretenden Verschmutzung. Damit in direktem Zusammenhang steht die kontrollierte Ableitung des Regenwassers an einer Fassade, denn das Wasser transportiert die Schmutzpartikel über die Bauteilflächen. Windrichtung und Windschattenbereiche sind mit dafür ausschlaggebend, wieviel Wasser bestimmte Stellen erreicht und wo sich Schmutzablagerungen bilden können. Auch die Beachtung des Strömungsbildes des abfließenden Wassers ist wichtig, denn es zeigt, wo auf Dauer mit Auswaschungen und wo u.U. auch mit verstärkten Anlagerungen von Verschmutzungen zu rechnen ist.

7.6.1 Regenwasserbeaufschlagung

Mit der Ausbildung der Betonfertigteile wird ganz allgemein das Verhalten einer Fassadenfläche in der Witterung vorbestimmt. Senkrechte Flächen bekommen i.d.R. wenig Wasser ab, wenn es regnet, und bleiben daher auf Dauer nachhaltig sauber. Bei starkem Schlagregen werden sie darüber hinaus auch leicht saubergespült, weil das Wasser leicht und ungehindert über die ganze Fläche abfließen kann. Die Flächen haben dadurch auch über längere Zeiträume allgemein ein nahezu unverändertes Erscheinungsbild.
Wenn die Bauteile einer Fassadenfläche nach oben und innen geneigt sind, werden sie bei jedem Regenwetter nass, es sei denn, sie sind durch eine weit ausladende Überdeckung, z.B. eine Balkon- oder Dachfläche, geschützt. Obwohl diese

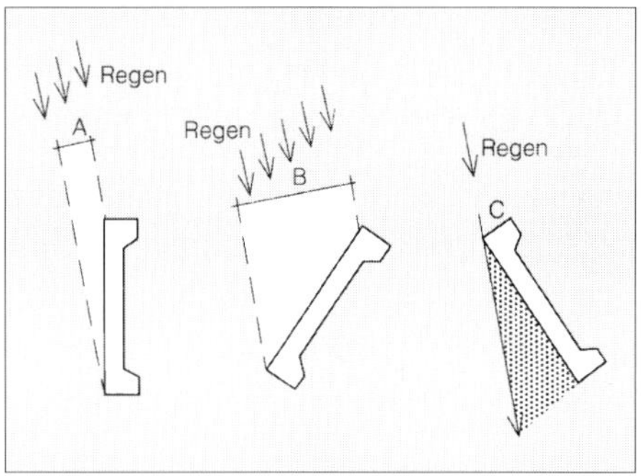

Bild 7.21: Unterschiedliche Regenwassermengen an verschieden geneigten Flächen

A senkrecht,
B nach innen geneigt,
C nach außen geneigt

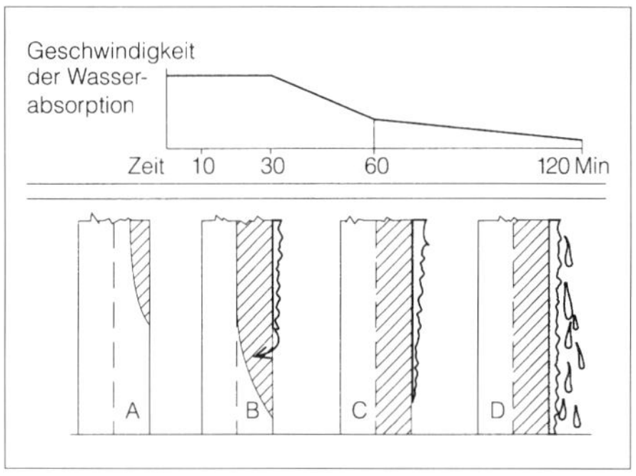

Bild 7.22: Abrieseln von Regenwassser an der Fassade

A Absorption,
B Beginn des Abrieselns und Absorption,
C Untergrund gesättigt und Abfließen,
D Abfließen und Abtropfen

Flächen i.d.R. viel mehr Wasser abbekommen, zeigen sie ein geringeres Selbstreinigungsverhalten als eine senkrechte Fläche. Das hängt damit zusammen, dass die nach oben und innen geneigten Flächen allgemein stärker verschmutzen und dadurch auch das Fließbild des Wassers deutlicher zeigen. Besonders an den unteren Rändern setzt sich der im oberen Bereich abgewaschene Schmutz oft wieder ab. Die Fassadenelemente werden auf Dauer in den oberen Flächenabschnitten durch das Auswaschen heller und in den unteren Flächenabschnitten durch Schmutzanlagerung dunkler erscheinen.

Eine oben nach außen geneigte Fassadenfläche bleibt i.d.R. bei Regen trocken und zeigt die geringste Neigung zu Verschmutzungen. Der obere Bereich muss jedoch so ausgebildet werden, dass auch bei starkem Regen kein Wasser über die Fläche abfließt, denn sonst wird das Strömungsbild auch hier auf Dauer unschön in Erscheinung treten. Deutliche Überstände horizontaler Bauteile mit Tropfkanten, die das Wasser vor der Fassadenflächen sicher ableiten, oder auch Innenentwässerungen, die das Wasser in speziellen Rohrleitungen hinter der Vorsatzschicht abführen, sind hier geeignete Lösungsmöglichkeiten, um die Ansehnlichkeit der Betonfertigteile einer Fassade auf Dauer auch unter dem Einfluss der Witterung zu erhalten (Bild 7.21).

7.6.2 Planungsvoraussetzungen

Grundsätzlich muss bei der Planung jeder Fassadenfläche, und so auch bei der Ausführung mit Betonfertigteilen, beachtet werden, dass

- Staubablagerungen an Bauwerksflächen bei geringer Windgeschwindigkeit und Verwirbelungen am größten sind,
- die Intensität von Staubablagerungen an Gebäuden, auch verkehrsbedingt, i.d.R. von oben nach unten zunimmt,
- mit zunehmendem Regenwasseranfall Verschmutzungen an Fassadenflächen weiter nach unten transportiert werden,
- horizontale Kehlen und Rippen Staubnester bilden, jedoch auch für eine gleichmäßigere Wasserverteilung auf der Fassadenfläche sorgen,
- senkrechte Kehlen und Rippen die ungleichmäßige Regenbeaufschlagung durch Seitenwind verhindern,
- tiefe Oberflächenstrukturen Staubansammlungen begünstigen, jedoch auch den Wasserabfluss regulieren und
- verschieden geneigte Flächen unterschiedliche Regenwassermengen binden.

Ein besonderes Augenmerk ist in diesem Zusammenhang auf die Geschwindigkeit der Wasserabsorption an einer geschlossenen Fertigteilfläche zu richten. Poröse Oberflächen nehmen durch Absorption größere Wassermengen und damit auch Schmutzpartikel auf als geschlossene, sehr dichte Flächenbereiche. Wenn Oberflächen wassergesättigt sind, beginnt das überschüssige Wasser abzurieseln und wird erst in dem darunter liegenden, noch trockenen Bereich absorbiert. Dieser Vorgang setzt sich so lange fort, bis die gesamte Fläche flüssigkeitsgesättigt ist und führt dann zum Abtropfen und schließlich zum ungerichteten Abfließen des Regenwassers von der Fassade. Fließzonen des Regenwassers werden an Bauwerken auf Dauer heller, sauberer sein und Absorptionszonen durch die ständige Schmutzablagerung zunehmend dunkler erscheinen. Bei durchschnittlichen Regenwassermengen in einem Gebiet kann die baustoffspezifische Breite der Absoptionsfläche an einer Fassade in Abhängigkeit von der Himmelsrichtung und den örtlichen Gegebenheit abgeschätzt werden. Dies lässt unter Berücksichtigung des Verschmutzungsgrades Rückschlüsse auf das Langzeitverhalten von Fassaden in der Witterung zu (Bild 7.22).

Die Beachtung dieser Entwurfsvoraussetzungen ist eine wichtige Grundlage für die materialgerechte Gestaltung von Betonfertigteilen für Fassaden.

7.7 Pflege und Wartung

Bei richtiger Ausbildung der baulichen Details kann die unkontrollierte Verschmutzung der Sichtbetonflächen auch bei extremen Witterungs- und Umwelteinflüssen verhindert werden. Außerdem sollte bei der Erstellung eines Bauwerks, ganz unabhängig von den verwendeten Baustoffen, auch an die Pflege und Wartung der teuren Fassadenflächen gedacht werden. Hierbei sind regelmäßige leichte Reinigungsmaßnahmen immer preiswerter als aufwendige Instandsetzungsarbeiten mit großen Zeitintervallen, die häufig auch zu negativen optischen Veränderungen eines Bauwerks führen können.

Bildnachweis zu Kapitel „Oberflächenausbildung"

S. 98 Verlag Bau+Technik, Düsseldorf (Bilder 7.1, 7.2)
S. 99 Portlandzementwerk Dotternhausen, Rudolf Rohrbach KG (Bild 7.4); Dyckerhoff Zement GmbH, Wiesbaden (Bilder 7.6, 7.7); Friedbert Kind-Barkauskas, Köln (Bild7.8)
S. 100 Verlag Bau+Technik, Düsseldorf (Bilder 7.9, 7.14); Dyckerhoff Zement GmbH, Wiesbaden (Bilder 7.10, 7.11, 7.12, 7.13, 7.15, 7.16, 7.17)
S. 101 Dyckerhoff Zement GmbH, Wiesbaden (Bilder 7.18); Friedbert Kind-Barkauskas, Köln (Bild 7.19); Friedrich Ernst von Garnier, Fürfeld (Bild 7.20)
S. 102 Informationsgemeinschaft BetonWerkstein e.V., Wiesbaden (Tafel 7.1/1)
S. 103 Informationsgemeinschaft BetonWerkstein e.V., Wiesbaden (Tafel 7.1/2);
S. 104 J. M. Huberty aus „Fassaden in der Witterung" Beton-Verlag 1983 (Bilder 7.21, 7.22)

8 Transport und Montage

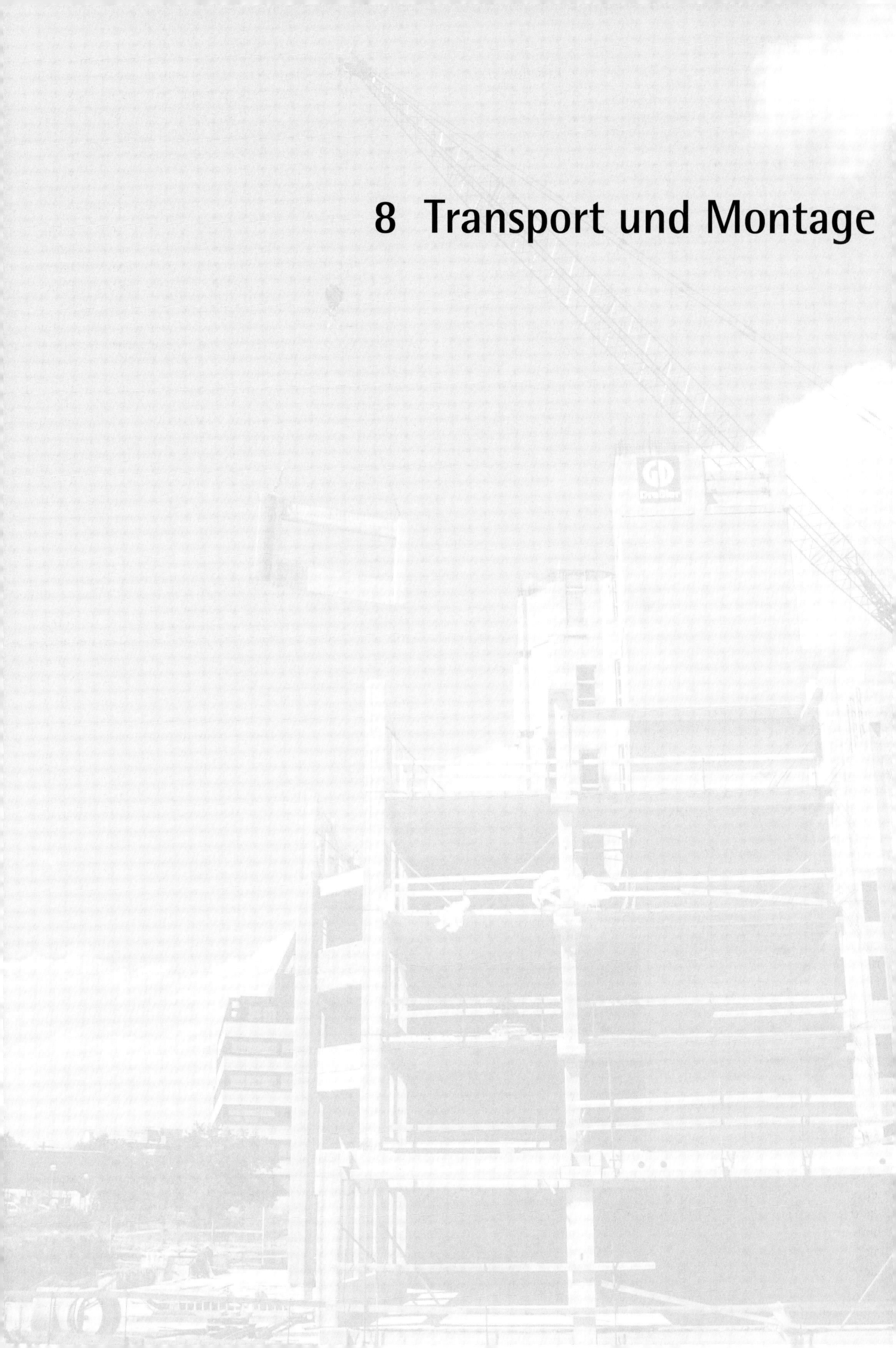

8.1 Transport

In den meisten Fällen erfolgt der Transport über die Straße, jedoch gibt es auch den Transport per Bahn oder per Schiff.

8.1.1 Straßentransport

Fassadentafeln werden entweder im Tiefladezug mit Plattengestell (A-Bock) (siehe Bild 8.1) oder im sogenannten Innenlader (siehe Bild 8.2) befördert.

Straßentransport ohne besondere Genehmigung (StVO § 32):
Höchstzulässige Abmessungen des beladenen Fahrzeuges:
Länge 15,50 m,
Breite 2,5 m,
Höhe 4,0 m;
Gesamtgewicht 40,0 t.

Straßentransport mit Dauergenehmigung regional (StVO § 29):
Höchstzulässige Abmessungen des beladenen Fahrzeuges:
Länge 24 m,
Breite 3 m,
Höhe 4 m;
zulässiges Gesamtgewicht maximal 48 t.
Bei größeren Abmessungen oder größerem Gesamtgewicht wird eine Einzelfahrgenehmigung erforderlich.

8.1.2 Bahntransport

Diese Transportart kommt überwiegend in Frage, wenn Fertigteilwerk und Baustelle einen Gleisanschluss besitzen.
Die Abmessungen der Teile werden durch das sogenannte Lademaß begrenzt (siehe Bild 8.3).

8.2 Montage

8.2.1 Allgemeines

Die örtlichen Verhältnisse auf den Baustellen bedingen den Montagefortschritt. Die Fertigung im Werk ist auf diesen Montagefortschritt abzustimmen.

8.2.2 Montagedauer

Üblicherweise können 10 bis 12 Fassadentafeln je Schicht montiert werden. Ungünstige Baustellensituation, ungünstige Zufahrten, schwierige Verbindungen der Fertigteile, schlechtes Wetter, kleine Stückzahlen und große Abmessungen können die Montagedauer verlängern.

8.2.3 Hebezeuge

Die Auswahl der Hebezeuge wird im Wesentlichen von dem Gewicht der Fassaden bestimmt.
Üblicherweise kommen Autokrane mit Teleskopmast zum Einsatz. Turmdrehkrane können verwendet werden, wenn sie ausreichend tragfähig sind.

8.2.4 Baustellenbedingungen

Die Baustelle muss für den Einsatz der Autokrane und der Lieferfahrzeuge vorbereitet sein. Dazu bedarf es ausreichend befestigter Zufahrten und Straßen auf der Baustelle, die das Verfahren sowie das sichere Aufstellen der Hebe- und Fahrzeuge ermöglichen. Gegebenenfalls sind befestigte Flächen für Zwischenlagerungen im Schwenkbereich des Hebezeuges einzurichten.

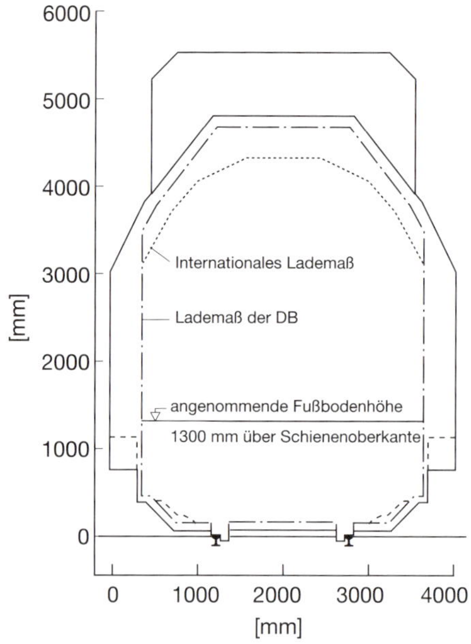

Bild 8.3: Regellichtraum und Lademaße.
Die Fußbodenhöhe ist mit 1300 mm über Schienenoberkante angenommen. Durch Wahl von Wagen mit entsprechend niedrigeren Fußbodenhöhen können in der Höhe bis zu 900 mm gewonnen werden.

Bildnachweis
zu Kapitel „Transport und Montage"

S. 106 Fachvereinigung Deutscher Betonfertigteilbau e.V., Bonn

Bild 8.1: Tiefladezug mit Plattengestell

Bild 8.2: Tieflader für hohe Elemente, die nur liegend transportiert werden können.

9 Bauphysik

9.1 Allgemeines

Fassaden müssen in ihrer Eigenschaft als Außenwände vielfältigen Einwirkungen aus der Umwelt widerstehen (siehe Bild 9.1) und einen ausreichenden Wärme-, Feuchte-, Schall- und Brandschutz erbringen.
Die nachfolgenden Ausführungen behandeln lediglich einige wesentliche Gesichtspunkte. Ausführliche Einzelheiten lassen sich der Literatur [29] entnehmen.

9.2 Wärmeschutz

Der Wärmeschutz soll vor allem ein der Gebäudenutzung angepasstes, behagliches Raumklima unter sommerlichen und winterlichen Bedingungen bieten. Aufgabe des Wärmeschutzes ist es aber auch, Feuchtigkeitsschäden als Folge von Kondenswasser-Niederschlag an den Oberflächen und im Innern der Bauteile zu verhindern und so die Funktionsfähigkeit der Bauwerke dauernd aufrecht zu erhalten. Die Energieeinsparung als weitere Aufgabe des Wärmeschutzes tritt mit steigenden Energiepreisen immer mehr in den Vordergrund.

9.2.1 Tauwasser

Liegt bei Bauteilen die Oberflächentemperatur auf der Innenseite unter der Taupunkttemperatur der Raumluft, so tritt Tauwasser auf. Da die Temperatur an der inneren Bauteiloberfläche von der Wärmedämmung und der Lufttemperatur abhängt, ist die Vermeidung von Tauwasserbildung auf Bauteiloberflächen ausschließlich eine Frage ausreichender Wärmedämmung. Im Hinblick auf Tauwasserbildung müssen folgende Bauteile oder Räume als im Winter gefährdet angesehen werden:

- Außenbauteile mit ungenügend bemessener Wärmedämmung in dauernd beheizten Räumen;
- Außenbauteile mit ausreichend bemessener Wärmedämmung beim Aufheizen von Räumen, da die Lufttemperatur im Raum schneller ansteigt als die Oberflächentemperatur dieser Bauteile. Dabei kann es vorkommen, dass kurzfristig die Temperatur der Außenbauteile unter der Taupunkttemperatur der Raumluft liegt;
- geometrische und konstruktive Wärmebrücken an Gebäudeecken sowie an Verbindungen und Anschlüssen zwischen Bauteilen;
- Räume mit sehr hoher Luftfeuchte, wie z.B. Küchen, Bäder. Hier kann neben einer erhöhten Wärmedämmung nur eine gute Lüftung helfen.

9.2.2 Energieeinsparung

Der energiesparende Wärmeschutz wird über das Energieeinsparungsgesetz mit entsprechender Wärmeschutzverordnung geregelt. Die Wärmeschutzverordnung enthält Anforderungen an Einzelbauteile und an die wärmetauschende Gebäudehülle.

Sommerverhältnisse

Eine gute Wärmedämmung bedeutet noch keinen guten sommerlichen Wärmeschutz. Im Sommer ist es wichtig, dass die von der Sonne eingebrachte Wärme in den Bauteilen gespeichert und erst dann wieder an die Raumluft abgegeben wird, wenn außen bereits kühlere Temperaturen herrschen.
Ein Kennwert, der die Wärmespeicherfähigkeit berücksichtigt, ist das Temperaturamplitudenverhältnis TAV, das sich auf die Schwankungen der Oberflächentemperatur von Außen- und Innenseite eines Bauteils bezieht.
Ist das Temperaturamplitudenverhältnis sehr klein, werden die Schwankungen der Außenlufttemperatur so gedämpft, dass sie auf der Innenseite kaum messbar sind. Es wird empfohlen, für Außenwände TAV = 0,15 bis 0,20 nicht zu überschreiten. Das bedeutet, dass im Sommer die Temperaturschwankungen auf der Raumseite der Außenbauteile höchstens 15 bis 20 % der Oberflächentemperatur auf der Außenseite betragen.
Die empfohlenen TAV-Werte werden von Bauteilen mit raumseitig nutzbaren Speichermassen unterschritten (vgl. Tafel 9.1) Dazu gehören alle einschichtigen Wände

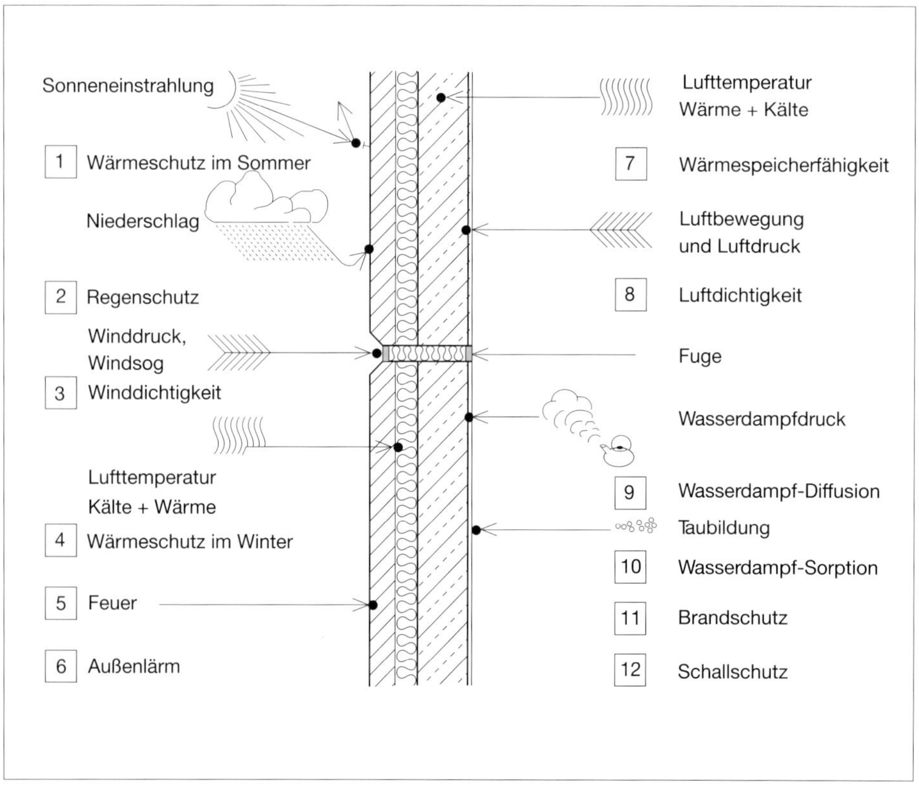

Bild 9.1: Einwirkungen auf Fassaden und deren Funktionen

aus Beton sowie mehrschichtige Wände mit außen oder in der Mitte angeordneter Dämmschicht.

9.2.3 Feuchteschutz

Ein „Atmen" der Wand im Sinne eines Luftaustausches zwischen Raum- und Außenluft ist unerwünscht. Luftdurchlässige Außenbauteile hätten einen sehr geringen Schallschutz. Schlagregen könnte solche Bauteile rasch durchfeuchten – mit allen negativen Folgen für ihren Wärmeschutz und ihre Dauerhaftigkeit. Daher müssen Außenbauteile luftdicht und mit ausreichendem Schlagregenschutz ausgeführt werden. Der Wasserdampfdurchgang durch Bauteile infolge von Diffusion ist unterschiedlich groß in Abhängigkeit von ihrer Dampfdurchlässigkeit. Allerdings spielt die Diffusion verglichen mit dem Wasserdampftransport durch Lüftung keine Rolle.

Regen

Bei Regen kann Wasser z.B. durch Kapillarwirkung in Außenbauteile eindringen. Außerdem können Fehlstellen wie Spalten, Risse o.ä. Wasser in oder durch die Konstruktion leiten. Eine solche Durchfeuchtung von außen muss ebenso verhindert werden wie eine Kondensation im Bauteilinneren.
In DIN 4108 werden drei Beanspruchungsgruppen in Abhängigkeit von der Jahresniederschlagsmenge und der Lage des Gebäudes unterschieden. Bauteile mit Oberflächen aus gefügedichtem Beton sind schlagregensicher. Bauteile aus Porenbeton erfordern je nach Beanspruchungsgruppe besondere Schutzmaßnahmen (z.B. wasserhemmende oder wasserabweisende Putze, Beschichtungen, hinterlüftete Vorsatzschalen).

Wasserdampfdiffusionen

Tauwasserbildung im Bauteilinneren ist überwiegend eine Frage der Schichtenfolge. Einschichtige Bauteile sind in der Regel diffusionstechnisch problemlos. Bei mehrschichtigen Konstruktionen gilt die Grundregel, dass der Diffusionswiderstand der einzelnen Schichten von innen nach außen abnehmen soll.
Für folgende Betonfassaden ist ein Nachweis der Wasserdampfdiffusion nach DIN 4108 Teil 3 nicht erforderlich.

- Wände aus Normalbeton nach DIN 1045,
- Wände aus bewehrtem Porenbeton ohne zusätzliche Wärmedämmschicht mit einem Kunstharzputz oder mit hinterlüfteter Bekleidung oder mit hinterlüfteter Vorsatzschicht.

Wasserdampfsorption

Das Sorptionsverhalten der raumumschließenden Bauteile spielt vor allem in Räumen eine Rolle, in denen vorübergehend größere Mengen Wasserdampf anfallen, z.B. in Badezimmern, Küchen, Klassenzimmern und Versammlungsräumen. Hier sollen die Bauteile Feuchtigkeit aufnehmen, speichern und wieder abgeben können, um so die sonst auftretenden starken Schwankungen der relativen Feuchte der Raumluft auszugleichen.
Für die Wasserdampfsorption sind lediglich die oberflächennahen Schichten der Bauteile von Bedeutung, also z.B. Tapeten und Putze.

9.3 Schallschutz

Die ständig wachsende Lärmbelästigung aus der Umwelt, vor allem durch den Verkehr, weist der Außenwand in stärkerem Maße als früher die Aufgabe zu, vor negativen Lärmeinwirkungen zu schützen.
Hier kommt im Wesentlichen der Schutz vor Luftschall in Betracht. Dieser ist um so besser, je größer das bewertete Schalldämmmaß R'_w ist. Anforderungen an den Luftschallschutz von Außenbauteilen enthält DIN 4109, Regellösungen sind im Beiblatt 1 zu DIN 4109 aufgeführt.

9.4 Baulicher Brandschutz

9.4.1 Allgemeines

Im Brandschutz unterscheidet man üblicherweise bauliche und betriebliche Maßnahmen.
Zu den betrieblichen Brandschutzmaßnahmen gehören insbesondere:

- automatische Brandmeldungen und Feuerlöschanlagen sowie
- Rauch- und Wärmeabzugsanlagen.

Zu den baulichen Brandschutzmaßnahmen zählen:

- die Aufteilung des Gebäudes in Brandabschnitte,
- die Verwendung nicht brennbarer Baustoffe und
- die Verwendung von Bauteilen mit hoher Feuerwiderstandsdauer.

9.4.2 Anforderungen

Anforderungen an den baulichen Brandschutz ergeben sich aus den Bauordnungen der Länder.
Alle Landesbauordnungen stufen die Anforderungen je nach Gebäudehöhe ab. Für höhere Gebäude gelten höhere Anforderungen.
Die Anforderungen beziehen sich dabei auf die Verwendung der Baustoffe mit der Baustoffklasse A, nämlich nicht brennbare Baustoffe, und der Baustoffklasse B, also brennbare Baustoffe.
Beton ist in der Regel ein A 1-Baustoff und erfüllt damit die Anforderungen der höchsten Stufe der Baustoffklassifizierung. Hartschaumdämmstoffe werden in den Baustoffklassen B 1 und B 2 angeboten, Mineralfaserdämmstoffe in den Baustoffklassen A 2 und B 1.
Hinsichtlich der Zeitdauer, die Bauteile unter einem Normbrand widerstehen müssen, unterscheiden die Bauordnungen zwischen „feuerhemmend", entsprechend einer Feuerwiderstandsklasse F 30 (das Bauteil muss dem Normbrand 30 Minuten widerstehen) und der Klasse „feuerbeständig" – Feuerwiderstandsklasse F 90 (das Bauteil muss dem Normbrand 90 Minuten widerstehen). Der Feuerwiderstand von Bauteilen aus Beton wird erreicht durch eine entsprechende Bauteildicke und eine entsprechende Betondeckung der Bewehrung, wobei die nach DIN 1045 für Innenbauteile vorgeschriebene Betondeckung in der Regel eine Feuerwiderstandsdauer von mindestens F 30 erzeugt.

Tafel 9.1: Bauphysikalische Eigenschaften von Wandtafeln aus Stahlbeton nach DIN 1045 mit Kerndämmung und aus bewehrtem Porenbeton

Wandaufbau		Masse	Wärmeschutz			Schallschutz	Brandschutz	
Schichtfolge	s mm	[1] m_d kg/m²	[2] $1/\Lambda$ m²K/W	[2] k_w W/(m²K)	TAV 1	[3] R'_w dB	Feuerwiderstandsklasse tragend aussteifend[4]	 nicht tragend
Vorsatzschicht aus gestaltetem Beton	70							
Kerndämmung aus Mineralfaserplatte der WLF 040	40		1,03	0,83				
	50		1,27	0,69				
	60		1,51	0,59				
	70		1,70	0,53				
	80		1,98	0,47				
Tragschicht aus Normalbeton	120	475			0,02	51	F 30-A	F 120-A
	140	525			0,02	53	F 90-A	
	160	575			0,02	54	F 120-A	F 180-A
	200	675			0,02	56	F 180-A	
Vorsatzschicht aus gestaltetem Beton	70							
Kerndämmung aus Hartschaumplatte der WLF 035	40		1,17	0,75				
	50		1,44	0,62				
	60		1,71	0,53				
	70		1,98	0,47				
	80		2,25	0,41				
Tragschicht aus Normalbeton	120	475			0,02	51	F 30-AB	F 120-AB
	140	525			0,02	53	F 90-AB	
	160	575			0,02	54	F 120-AB	F 180-A
	200	675			0,02	56	F 180-AB	
Porenbeton[5]								
Rohdichte kg/dm³ 0,5		140	1,41	0,63	0,13	37		
0,6	225	162	1,18	0,74	0,13	39	F 120-A	F 180-A
0,7		189	1,07	0,81	0,12	41		
0,5		186	1,88	0,49	0,07	40		
0,6	300	216	1,58	0,57	0,07	42	F 120-A	F 180-A
0,7		252	1,43	0,63	0,06	44		

[1]) Rechenwerte nach DIN 1055, Teil 1. Den Ermittlungen von R'_w ist nach DIN 4109 i.a. eine geringere Masse zugrunde zu legen

[2]) ggf. einschl. Abzug für Verbundanker

[3]) Masse der flankierenden Bauteile etwa 300 kg/m²

[4]) bei verminderten Druckrandspannungen

[5]) bei mindestens einseitigem Putz ergeben sich um etwa 2 bis 3 dB höhere Schalldämmmaße

9.5 Bauphysikalische Eigenschaften von Betonfassaden

In Tafel 9.1 sind bauphysikalische Kennwerte von häufig verwendeten Betonfassaden zusammengestellt. Man erkennt leicht, dass sich mit Fassaden aus Beton und Porenbeton die jeweiligen Anforderungen nicht nur leicht erreichen, sondern auch optimieren lassen.

Literatur

Normen

DIN 1055 Teil 1 – Lastannahmen für Bauten; Lagerstoffe, Baustoffe und Bauteile, Eigenlasten und Reibungswinkel;
Teil 4 – Windlasten bei nicht schwingungsanfälligen Bauwerken

DIN 18201 Maßtoleranzen im Bauwesen; Begriffe, Grundsätze, Anwendung, Prüfung

DIN 18202 Toleranzen im Hochbau; Bauwerke

DIN 18203 Teil 1 – Toleranzen im Hochbau; Vorgefertigte Teile aus Beton, Stahlbeton und Spannbeton

DIN 18217 Betonflächen und Schalungshaut; Begriffe und Anforderungen

ATV DIN 18331 VOB Verdingungsordnung für Bauleistungen, Teil C: Allgemeine Technische Vorschriften, Beton- und Stahlbetonarbeiten

ATV DIN 18333 VOB Verdingungsordnung für Bauleistungen, Teil C: Allgemeine Technische Vorschriften für Bauleistungen, Betonwerksteinarbeiten

DIN 18540 Abdichten von Außenwandfugen im Hochbau mit Fugendichtstoffen

Veröffentlichungen

[1] Arbeitskreis Fassaden: Betonfassaden. Ein Katalog für Planer. Fachvereinigung Deutscher Betonfertigteilbau, Bonn, Dyckerhoff Weiß Marketing und Vertriebsgesellschaft, Wiesbaden 1993

[2] Bayer AG: Einfärbungen von Beton – Verarbeitungstechnische Hinweise. Bayer AG, Leverkusen 1980

[3] Brandt, J.; Rösel, W.; Schwerm, D.; Stöffler, J.: Beton-Fertigteile im Skelett- und Hallenbau, Auflage 1995

[4] Cziesielski, E.: Belüftete Fugen. Betonwerk+Fertigteil-Technik 8/1978

[5] Cziesielski, E.; Kötz, D.: Betonsandwichwände – Bemessung der Vorsatzschalen und Ausbildung der Fugen. Beton+Fertigteil-Jahrbuch 1984

[6] Deutscher Ausschuß für Stahlbeton, Berlin: Richtlinie zur Nachbehandlung von Beton, 1984

[7] Deutscher Beton-Verein, Wiesbaden; Fachvereinigung Betonfertigteilbau, Bonn, u.a.: Merkblatt Betondeckung, 1997

[8] Deutscher Beton-Verein, Wiesbaden: Merkblatt Abstandhalter für die Bewehrung von Stahlbetonbauteilen, 1999

[9] Fachvereinigung Betonfertigteilbau: Hinweise zur Erzielung einer ordnungsgemäßen Bewehrung von Beton-Fertigteilen, Bonn 1985

[10] Fachvereinigung Betonfertigteilbau: Merkblatt über Sichtbetonflächen von Fertigteilen aus Beton und Stahlbeton, Bonn 1999

[11] Grube, H.; Kind-Barkauskas, F.: Beschichtungen auf Beton – Ergebnis einer Diskussion. Beton 12/1991

[12] Huber, F.: Sichtbeton. Vereinigung der Österreichischen Zementindustrie, Wien 1995

[13] Kind-Barkauskas, F.: Bauen mit Betonfertigteilen. Der Architekt 3/1993

[14] Kind-Barkauskas, F.: Schalung für Beton. Bundesverband der Deutschen Zementindustrie, Köln (Hrsg.), Bauberatung Zement, Zement-Merkblatt H 9, Beton-Verlag, Düsseldorf 1997

[15] Kind-Barkauskas, F.: Sichtbeton. Gestaltung von Betonoberflächen. Bundesverband der Deutschen Zementindustrie, Köln (Hrsg.), Bauberatung Zement, Zement-Merkblatt H 8, Beton-Verlag, Düsseldorf 1997

[16] Kind-Barkauskas, F.; Polónyi, S.; Kauhsen, B.; Brandt, J.: Beton Atlas. Entwerfen mit Stahlbeton im Hochbau. Beton-Verlag GmbH, Düsseldorf; Institut für internationale Architektur-Dokumentation, München 1995

[17] Pauser, A.: Beton im Hochbau. Handbuch für den konstruktiven Vorentwurf. Verlag Bau+Technik, Düsseldorf 1998

[18] Pickel, U.: Architekturbeton – mehr als Beton. In: Beton+Fertigteil-Jahrbuch 1993

[19] Schmidt-Morsbach, J.: Betonflächen, Mängelfibel. Erscheinungsbild, gutachterliche Einstufung, Mängelbeseitigung, Vorbeugung. Bauverlag, Wiesbaden 1987

[20] Schmidt-Morsbach, J.: Betonflächen und Schalungshaut. Kommentar zur DIN 18217. Verlag Ernst & Sohn, Berlin 1984

[21] Sichtbeton. Merkblatt für Ausschreibung, Herstellung und Abnahme von Beton mit gestalteten Ansichtsflächen. Deutscher Beton-Verein, Wiesbaden; Bundesverband der Deutschen Zementindustrie, Köln (Hrsg.), Beton-Verlag GmbH, Düsseldorf 1997

[22] Steinle, A.; Hahn, V.: Bauen mit Betonfertigteilen im Hochbau. Verlag Ernst & Sohn, Berlin 1998

[23] Stroteich, H.-H.: Geschliffene Architektur-Bauteile. Betonwerk+Fertigteil-Technik 5/1995

[24] Brand, J.; Moritz, H.: Bauphysik nach Maß. Schriftenreihe der Bauberatung Zement. Beton-Verlag GmbH, Düsseldorf 1995